园林植物应用调查

孙正海　樊亮宇　李丽萍　等　主编

中国科学技术出版社
·北　京·

图书在版编目（CIP）数据

园林植物应用调查 / 孙正海等主编 . —北京：中国科学技术出版社，2024.3

ISBN 978-7-5046-8699-2

Ⅰ. ①园… Ⅱ. ①孙… Ⅲ. ①园林植物—应用 Ⅳ. ①S68

中国版本图书馆 CIP 数据核（2020）第 243443 号

策划编辑 王晓义
责任编辑 周 婷
封面设计 郑子玥
正文设计 中文天地
责任校对 吕传新
责任印制 徐 飞

出　　版 中国科学技术出版社
发　　行 中国科学技术出版社有限公司发行部
地　　址 北京市海淀区中关村南大街 16 号
邮　　编 100081
发行电话 010-62173865
传　　真 010-62173081
网　　址 http://www.cspbooks.com.cn

开　　本 710mm × 1000mm 1/16
字　　数 190 千字
印　　张 12.5
版　　次 2024 年 3 月第 1 版
印　　次 2024 年 3 月第 1 次印刷
印　　刷 北京荣泰印刷有限公司
书　　号 ISBN 978-7-5046-8699-2 / S · 792
定　　价 48.00 元

编写委员会

主　编　孙正海（西南林业大学）

樊亮宇（西南林业大学）

李丽萍（西南林业大学）

刘　佳（西南林业大学）

吴艳迪（西南林业大学）

副主编　马路遥（昆明理工大学）

吴福河（云南机场集团有限责任公司）

杨　帆（云南省科学技术发展研究院）

李　伟（云南吉成园林科技股份有限公司）

编　委（按姓名汉语拼音排序）

陈旭飞（国家林业和草原局西南调查规划院）

丁尚业（西南林业大学）

李东艳（西南林业大学）

李尚贞（云南林业职业技术学院）

刘　洋（西南林业大学）

马　宏（中国林业科学研究院资源昆虫研究所）

牟　兰（西南林业大学）

石莎莎（西南林业大学）

谭　君（西南林业大学）

陶桂祥（云南林业职业技术学院）

王明蓉（西南林业大学）

王永路（凉山彝族自治州会理市住房和城乡建设局）

严苓方（西南林业大学）

杨　华（西南林业大学）

阳玉宇（西南林业大学）

姚国琼（西南林业大学）

周杰珑（西南林业大学）

前 言

园林植物指适用于园林绿化的植物材料，包括木本、藤本和草本的观花、观叶或观果植物，以及适用于园林、绿地和风景名胜区的防护植物与经济植物。随着城市化进程的加快，环境污染等问题日益突出，人们对改善与保护环境、维持生态平衡、营造优美和谐的城市景观的要求日益迫切，利用丰富的园林植物资源构建和谐自然的城市绿地系统已是大势所趋。园林植物在城市绿地建设中起着骨干作用。本书以云南省昆明市不同类型绿地为调查地点，以芳香类园林植物、水生园林植物、抗逆性园林植物、垂直绿化类园林植物、室内园林植物 5 类兼具景观和生态功能的园林植物为调查目标，分析了其应用现状和存在的问题，并提出了相应的改善措施。本书可作为园林从业者、园林相关专业学生从事园林行业相关研究的参考资料。

本书的出版得到了云南省重点研发计划“特色优良乡土观赏树种选择及应用研究”（项目编号：202202AE090012）、云南省专业学位研究生教学案例库建设项目“现代农业发展与实践案例（园艺领域）”、云南省重点研发计划“特色优势植物木蝴蝶、诺丽、红掌集成培育技术老挝示范推广”（项目编号：2019IB011）、教育部产学合作协同育人项目（项目编号：201602001004）、云南省面向南亚东南亚经济林全产业链联合研发中心项目（项目编号：2018IA088）、云南省高效经济林培育示范型国际科技合作基地项目（项目编号：2017IB041），以及云南省教育厅基金项目“基于数字化的维西县傈僳族村落景观研究”（项目编号：2023J0710）和“滇西北傈僳族传统村落保护策略研究”（项目编号：

2022J0521）等的资助。同时，云南省观赏草集成利用国际联合研发中心、国家林业和草原局西南风景园林工程技术研究中心、云南省高校园林植物与观赏园艺重点实验室、云南省园林规划设计高校示范实验室、中国林学会古树名木分会、云南省高校少数民族园林与美丽乡村科技创新团队、云南省高校园林植物与观赏园艺科技创新团队、云南省高校城市绿地系统规划教学团队、云南省园林植物资源及应用博士研究生导师团队等科研平台和创新团队在本书编写过程中也给予了支持和帮助，在此一并表示感谢。

由于编者水平有限，书中不妥之处在所难免，敬请读者批评指正。

目 录

第五章 昆明市室内园林植物应用调查

第一章
昆明市芳香类园林植物应用调查

导读： 芳香植物是一类兼具药用、香料加工、食品加工、化工及绿化、美化、香化环境等功能作用的植物。芳香植物在绿化、美化、香化环境及净化空气的同时，还具有改善人体情绪等作用。它是园林植物的重要组成部分，在园林建设中有着广阔的应用前景。目前，芳香植物的研究主要集中在5个方面：芳香植物的种类、分布和品种特点；芳香植物的栽培技术、精油提取及产品深加工技术；芳香植物资源的开发利用、产业化发展现状及存在的问题；芳香精油对人体的保健功效与作用机制；芳香植物在园林中的应用理论与实际案例。为了解芳香植物在昆明市园林绿化中的应用现状，本次调查按照绿地系统的分类，选取了具有代表性的3条城市道路和3个公园，以园林生态功能为主要评价指标，从芳香植物种类、芳香植物景观配置、芳香植物养护3个方面进行了调查，以期为芳香类园林植物的合理应用提供一定依据。

第一节　引　言

一、芳香植物的概念

关于芳香植物的定义，《中国芳香植物》《芳香植物景观》《中国大百科全

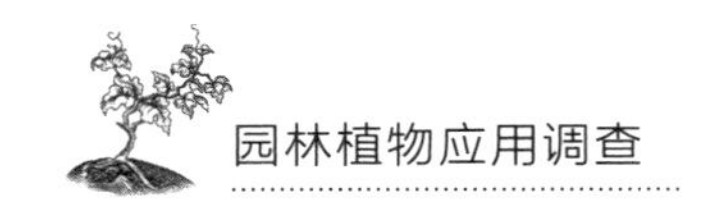

书》等著作均有描述。一般来讲，芳香植物的定义有广义和狭义之分。广义上，芳香植物是指兼有药用植物和香料植物属性的植物类群，且大多具有很高的观赏性；狭义上，芳香植物是指可散发出香气和可供提取芳香油的植物的总称。

芳香植物之所以具有“多功能”特征，主要在于体内含有 4 类化学成分：

①芳香成分。这是芳香植物最主要的特质，如芳樟醇、桉叶醇、柠檬醛、丁子香酚等。

②药用成分。芳香植物的药用成分包括具有挥发性的精油成分和不具有挥发性的生物碱、单宁、类黄酮等成分。

③营养成分。芳香植物含有大量的营养物质以及一些微量元素，可以作为蔬菜食用，如芫荽、香椿、茴香、紫苏等；此外，由于具有香味，芳香植物还可加工成各种食品或调味料。

④色素成分。芳香植物含有丰富的天然色素，可作为天然染料，尤其适用于食品着色；此外这些天然色素提高了植物的观赏价值，所以芳香植物还可作为园艺或景观植物来利用。

这些成分既提高了芳香植物的利用价值，又拓宽了芳香植物的利用领域。

二、芳香植物的类型

芳香植物有多种分类方式，最常见的有 2 种。按芳香部位，芳香植物可分为花香型、叶香型、根香型、全株香型等。按香型，芳香植物可分为清香型、郁香型、浓香型、烈香型、刺激香型（该香型有些人认为是臭而不是香）等。国内主要的芳香类园林植物有 100 余种，按照乔木和灌木、藤本、草本统计为表 1–1。

表 1-1　中国主要芳香类园林植物

类型	科	种
乔木和灌木类	柏科	侧柏、香柏
	海桐科	海桐
	玄参科	毛泡桐
	樟科	香樟、阴香、月桂、天竺桂
	山龙眼科	银桦
	罗汉松科	罗汉松
	金缕梅科	蜡瓣花、金缕梅
	芸香科	花椒、黄檗、九里香
	木兰科	白兰、黄兰、含笑、玉兰、广玉兰、望春玉兰、山玉兰、馨香玉兰、天女花、夜合花
	蔷薇科	梅花、香水月季、突厥蔷薇、稠李、木瓜
	省沽油科	银鹊树
	瑞香科	瑞香、结香
	木樨科	华北紫丁香、蓝丁香、北京丁香、暴马丁香、波斯丁香、桂花、素馨花、茉莉、女贞
	忍冬科	糯米条、香荚蒾、珊瑚树、接骨木
	楝科	楝树、米仔兰
	蜡梅科	蜡梅
	山茶科	木荷、油茶、厚皮香
	豆科	金合欢、金雨相思
	茜草科	栀子、黄栀子
	番荔枝科	鹰爪花
	萝藦科	夜来香
	千屈菜科	散沫花、紫薇
	菊科	蚂蚱腿子
	马鞭草科	兰香草
	五加科	八角金盘、鹅掌柴
	杜鹃花科	毛白杜鹃、云锦杜鹃
藤本类	蔷薇科	木香、金樱子、香莓、光叶蔷薇、多花蔷薇

续表

类型	科	种
藤本类	忍冬科	金银花
	五加科	常春藤
	豆科	紫藤、常春油麻藤
草本类	石蒜科	纸白水仙、丁香水仙
	姜科	姜花
	唇形科	薄荷、留兰香、罗勒、藿香、紫苏、香薷紫荆芥、迷迭香、鼠尾草、百里香、薰衣草、灵香草、一串红
	堇菜科	三色堇
	马鞭草科	荆条
	百合科	百合、铃兰、玉簪
	柳叶菜科	月见草
	菊科	丝叶蓍、地被菊、龙蒿
	十字花科	香雪球、紫罗兰
	豆科	羽扇豆
	天南星科	石菖蒲、海芋
	忍冬科	缬草
	石竹科	香石竹
	牻牛儿苗科	香叶天竺葵、豆蔻天竺葵
	兰科	春兰、惠兰、建兰、墨兰、寒兰

三、芳香植物国内外应用现状

1. 国内情况

我国地域辽阔，地貌与气候复杂多样，芳香植物资源丰富，在世界位居前列。据不完全统计，我国有芳香植物 800 余种，隶属 100 余科 200 多属，其中含精油较高的芳香植物多达 370 余种。目前，国内芳香植物的应用主要集中在对芳香植物资源的收集、生产、商品开发等方面。国内芳香类植物商品化程度优势明显。传统的出口商品有八角、茴香、桂皮、薄荷脑及薄荷油等。薄荷油、桂油和茴油的产量已居世界第一。芳香植物在城市绿化上虽有所应用，但在园林植物应用比例、园林生态功能发挥、保健型园林建设等方面还存在很多的不足。

（1）种植资源开发利用不足，利用率低

我国虽然是世界上芳香植物资源最丰富的国家，但目前在开发利用的芳香植物仅有 60 多科、400 余种，约占我国芳香植物资源的 50%。其原因主要在于人工驯化技术和繁育技术不成熟，从而导致某些稀有芳香植物资源的开发基本上还处于野生采摘阶段，不能规模化人工种植，利用率低。

（2）生产应用开发力度不够，产值低

目前，我国除内蒙古自治区、西藏自治区和宁夏回族自治区外，其余各省（直辖市、自治区）均有香料厂家。其中，云南省是我国香料植物资源及其开发利用最大的省份，拥有 80 多种能提取芳香精油的植物；新疆维吾尔自治区是我国北方芳香植物的最大产地，也拥有丰富的芳香植物资源。但由于技术原因，芳香植物的应用现在还基本处于初始加工阶段。以玫瑰精油为例，虽然我国精油产量高，但相应的高端化妆品和护肤产品仍以国外品牌为主，导致我国香料企业产值低，收益少。

（3）认识不足，保健型园林应用较少

保健型园林主要有 3 种类型，即以环境保健为主的环境保健型园林、以保健活动为主的活动保健型园林、以宣传教育保健文化为主的保健引导型园林。芳香植物在园林应用中的一大特点是具有“保健型”园林功能。但目前受限于国人的认知水平和接受能力，保健型园林建设在我国进展缓慢，目前仅在上海市等地建有以“保健”为主要目的的公园等公共绿地。

2. 国外情况

相比国内，国外比较注重芳香植物的园林生态功能。这一点在国外的园林规划设计和园林植物配置方面都有很好的体现。特别是在保健园林建设方面，与医疗结合比较紧密，因此国外通常把保健园林称为“康复花园”。此外，国外还注重芳香植物与其他农业生产的结合，如通过间作和套作来防虫等。

（1）芳香类植物与医疗结合应用趋势良好

芳香植物散发的香气主要是萜烯类物质。这类物质具有杀毒、灭菌的功效，在净化空气方面效果显著。因此，欧洲一些大型的修道院多会种植一些芳香植物，看重的就是它的这一功效。

在国外，有人利用芳香植物专门营建了健康森林，为人们提供森林浴，如日本的千米芳香植物散步道。在入口处，工作人员会询问游人当天的身体状况，以便选择不同的路径。不用的通道种植的芳香植物种类不同，当然各通道间也会部分重叠，关键是根据芳香植物各自的功能来合理配置，并且确定多大的群落能够保证香气的量，从而产生相应的效果。

（2）芳香植物结合农业生产应用效果明显

在日本，芳香植物常被用来与农作物间作或套作，人们利用其挥发物而不使用农药来防治病虫害，实现真正的绿色无公害种植。如用旱金莲与黄瓜间作来防止粉虱，水稻与柠檬间作来抑制杂草，棉花与薄荷间作防治棉花立枯病的发生。日本的很多农业观光生态园采用这些做法，把旅游观光与农业生产生活良好地结合在一起。

第二节　调查目的及意义

本次研究旨在通过对昆明市芳香类园林植物的应用进行调查，以更充分地了解全市芳香类园林植物的种类、种植方式、养护措施、景观效果等，厘清全市芳香类园林植物应用的现状、发展趋势、优点和存在的问题，进而提出解决园林中芳香类园林植物应用中存在问题的解决方法和策略。

昆明市芳香类园林植物应用的调查研究对以后芳香类园林植物广泛、全面的应用具有长远的意义：①可以促使芳香类园林植物在应用中更加规范；②可以促使芳香类园林植物在应用中设计更加科学合理；③可以促进芳香类园林植物应用时更加注重生态功能和可持续性发展；④可以提高芳香类园林植物应用

中科技创新成分的运用和融入；⑤可以促进芳香类园林植物应用时更好地把握经济性和实用性的相互结合。

第三节　调查地点与调查方法

一、调查地点

按照绿地系统的分类，选取了城市道路和公园作为本次的调查地点。

在文献查阅和前期走访的基础上，选择了具有代表性的3条城市道路和3个公园，从芳香植物种类、芳香植物景观配置、芳香植物养护等方面开展了调查。

1. 城市道路

3条城市道路分别为金碧路、青年路和岔街。选择这3条道路主要考虑了市政等级、街道长短、主要用途、所代表的文化等因素。

金碧路是市政一级道路和昆明市的主要景观道路之一，也是3条道路中长度最长和年代最久远的一条，是周边旅游业、商业发达且具有昆明市传统文化特色的一条道路。

青年路也是市政一级道路，街道长度适中，是周边现代商业发达和具有时尚引领的一条道路。

岔街是市政次级道路，街道长度是3条街道中最短的，是市区休闲道路的代表。

2. 公园

3个公园分别为宝海公园、昙华寺公园和郊野公园。选择这3个公园主要考虑了地理区位、面积大小和所代表的园林种类等因素。

宝海公园位于昆明市城东南片区，与国贸中心毗邻，北临南过境路，东与东南接万兴、银海住宅花园，西面至宝海路。其占地面积约166 700平方米，是昆明市最大的现代城市公园，于1999年12月建成并开放，是现代城市园林的代表。

昙华寺公园位于昆明市东郊金马山麓、金汁河畔，是由昙华寺扩建而成的一座仿江南古典园林，总面积 80 000 平方米，1981 年对外开放，是 3 座公园中开放最早的公园，是古典园林的代表。

郊野公园位于昆明市西郊玉案山麓，主要建筑是依照云南省少数民族民居建筑形式建造而成的，依山势构筑，野趣横生，形成浓郁的山寨田野风光，总面积 1 620 000 平方米，可游览面积 625 000 平方米，是民族园林和山地园林的代表。

二、调查方法

资料查阅：通过查阅相关的文献资料，了解芳香类植物的概念、分类、应用前景等。

样地选取：根据文献查阅和前期调研结果，按照城市公共绿地系统类型和调查目的针对性拟定和筛选调查样地。

实地调查：针对遴选好的各类型样地，采取影像、记录、勾绘等方法对芳香类植物的种类、配置、数量、景观展现等方面的信息进行翔实的调查与记录。

分析整理：根据既定技术路线及调查目的，结合调查结果，从芳香类植物的应用程度、应用效果等方面对调查结果进行分析和整理。

第四节　调查结果及分析

一、城市道路芳香类园林植物应用调查及分析

1. 金碧路芳香类园林植物应用现状与效果评价

图 1–1 是金碧路部分芳香类园林植物实景图。根据调查，金碧路乔灌木类

图 1-1　金碧路芳香类园林植物实景

的芳香类园林植物有桂花、天竺桂、香樟、海桐、小叶女贞、八角金盘、鹅掌柴，藤本类的芳香类园林植物有常春藤，草本类的芳香类园林植物有三色堇和一串红。对调查结果进一步分析发现，金碧路芳香类园林植物有 10 种，隶属于 6 个科、9 个属，芳香部位以叶和花为主，香型以清香型为主，种植方式包括孤植、列植、丛植和片植。具体如表 1-2 所示。

表 1-2　金碧路主要应用的芳香类园林植物

序号	中文名	拉丁名	科、属	种类	芳香类型	芳香部位	园林配置方式	生态功能	心理触感
1	桂花	*Osmanthus fragrans*	木樨科 木樨属	灌木	清香型	花	孤植	庭荫树	美观
2	天竺桂	*Cinnamomum japonicum*	樟科 樟属	乔木	清香型	叶	列植	行道树	美观
3	香樟	*Cinnamomum camphora*	樟科 樟属	乔木	清香型	叶	孤植	庭荫树	美观
4	海桐	*Pittosporum tobira*	海桐科 海桐属	灌木	清香型	叶	丛植	配置植物	美观
5	小叶女贞	*Ligustrum quihoui*	木樨科 女贞属	灌木	清香型	叶	孤植	配置植物	美观
6	八角金盘	*Fatsia japonica*	五加科 八角金盘属	灌木	无明显香气	叶	片植	配置植物	美观

续表

序号	中文名	拉丁名	科、属	种类	芳香类型	芳香部位	园林配置方式	生态功能	心理触感
7	鹅掌柴	*Heptapleurum heptaphyllum*	五加科 鹅掌柴属	灌木	无明显香气	叶	片植	配置植物	美观
8	常春藤	*Hedera nepalensis* var. *sinensis*	五加科 常春藤属	藤本	无明显香气	叶	片植	配置植物	美观
9	一串红	*Salvia splendens*	唇形科 鼠尾草属	草本	清香型	花	片植	配置植物	美观
10	三色堇	*Viola tricolor*	堇菜科 堇菜属	草本	清香型	花	片植	配置植物	美观

注：调查时间为初夏。

依据园林植物种类、园林美学、生态功能、园林植物配置等评价指标对金碧路芳香类园林植物进行景观生态评价。根据调查结果可知，昆明市金碧路的芳香类园林植物应用效果总体较好，芳香类园林植物种类较多，长势较好，种植方式多样；同时也存在一些不足，主要有 4 个方面：①从香味类型分析，植物类型主要为芳香气味不太明显的园林常绿绿化树种；②从香味部位分析，缺少开花类的芳香类园林植物，观赏效果单一；③从香味持续时间分析，所选用的部分植物芳香时间较短；④植物的搭配不尽合理，芳香类园林植物之间以及芳香类园林植物与其他园林植物搭配类型比较单一。

2. 岔街芳香类园林植物应用现状与效果评价

图 1–2 是岔街部分芳香类园林植物实景图。根据调查，岔街乔灌木类的芳香类园林植物有天竺桂、香樟、海桐、大叶女贞、小叶女贞、八角金盘、鹅掌柴、杜鹃、罗汉松，藤本类的芳香类园林植物有常春藤，草本类的芳香类园林植物有海芋。对调查结果进一步分析发现，岔街芳香类园林植物有 11 种，隶属于 7 个科、9 个属，芳香部位以叶和花为主，香型以清香型为主，种植方式包括孤植、列植、丛植和片植。具体如表 1–3 所示。

图 1–2　岔街芳香类园林植物实景

表 1–3　岔街芳香类园林植物

序号	中文名	拉丁名	科、属	种类	芳香类型	芳香部位	园林配置方式	生态功能	心理触感
1	天竺桂	*Cinnamomum japonicum*	樟科 樟属	乔木	清香型	叶	列植	行道树	美观
2	香樟	*Cinnamomum camphora*	樟科 樟属	乔木	清香型	叶	孤植	庭荫树	美观
3	海桐	*Pittosporum tobira*	海桐科 海桐属	灌木	清香型	叶	丛植	配置植物	美观
4	大叶女贞	*Ligustrum Lucidum*	木樨科 女贞属	灌木	清香型	花	列植	行道树	美观
5	小叶女贞	*Ligustrum quihoui*	木樨科 女贞属	灌木	清香型	叶	孤植	配置植物	美观
6	八角金盘	*Fatsia japonica*	五加科 八角金盘属	灌木	无明显香气	叶	片植	配置植物	美观
7	鹅掌柴	*Heptapleurum heptaphyllum*	五加科 鹅掌柴属	灌木	无明显香气	叶	片植	配置植物	美观
8	杜鹃	*Rhododendron simsii*	杜鹃花科 杜鹃花属	灌木	清香型	花	丛植	配置植物	美观
9	罗汉松	*Podocarpus macrophyllus*	罗汉松科 罗汉松属	乔木	清香型	花	孤植	配置绿化	美观

续表

序号	中文名	拉丁名	科、属	种类	芳香类型	芳香部位	园林配置方式	生态功能	心理触感
10	常春藤	*Hedera nepalensis* var. *sinensis*	五加科 常春藤属	藤本	无明显香气	叶	片植	配置植物	美观
11	海芋	*Alocasia odora*	天南星科 海芋属	草本	无明显香气	叶	孤植	配置植物	美观

注：调查时间为初夏。

依据园林植物种类、园林美学、生态功能、园林植物配置等评价指标对岔街芳香类园林植物进行景观生态评价。根据调查结果可知，昆明市岔街的芳香类园林植物应用有 4 个特征：①岔街芳香类植物主要类型为芳香气味明显的常绿园林植物，以乔灌木为主；②从芳香部位分析，岔街芳香类园林植物的芳香部位以叶为主，花香植物仅有 1 种；③已选用的芳香植物种类虽然不是特别丰富，但芳香持续时间较长，香味明显，且观赏性较好；④芳香植物与其他园林植物搭配层次较好。总体而言，岔街芳香类园林植物所形成的生态景观效应较好。

3. 青年路芳香类园林植物应用现状与效果评价

图 1–3 是青年路部分芳香类园林植物实景图。根据调查，青年路乔灌木类的芳香类园林植物有银桦、桂花、天竺桂、香樟、海桐、大叶女贞、八角金盘、鹅掌柴、杜鹃、罗汉松，藤本类的芳香类园林植物有常春藤，草本类的芳香类园林植物有三色堇。对调查结果进一步分析发现，青年路芳香类园林植物有 12 种，隶属于 8 个科、11 个属，芳香部位以叶和花为主，香型以清香型为主，种植方式包括孤植、列植、丛植和片植。具体情况如表 1–4 所示。

依据园林植物种类、园林美学、生态功能、园林植物配置等评价指标对青年路芳香类园林植物进行景观生态评价。根据调查结果可知，昆明市青年路的芳香类园林植物应用有 4 个特征：①青年路芳香类植物主要类型为芳香气味明显的常绿绿化树种，乔灌木居多；②从开花部位分析，青年路芳香类园林植物的芳香部位以叶和花为主；③所选用的芳香类园林植物种类比较多，芳香持续

图 1–3　青年路芳香类园林植物实景

时间较长，香味特征明显，且观赏效果好；④局部芳香植物的搭配层次较好，景观生态效应也较好。总体而言，青年路芳香类园林植物景观生态在 3 条城市道路中是最好的。

表 1–4　青年路主要应用的芳香类园林植物

序号	中文名	拉丁名	科、属	种类	芳香类型	芳香部位	园林配置方式	生态功能	心理触感
1	银桦	*Grevillea robusta*	山龙眼科 银桦属	乔木	清香型	叶	列植	行道树	美观
2	桂花	*Osmanthus fragrans*	木樨科 木樨属	灌木	清香型	花	孤植	庭荫树	美观
3	天竺桂	*Cinnamomum japonicum*	樟科 樟属	乔木	清香型	叶	列植	行道树	美观
4	香樟	*Cinnamomum camphora*	樟科 樟属	乔木	清香型	叶	孤植	庭荫树	美观
5	海桐	*Pittosporum tobira*	海桐科 海桐属	灌木	清香型	叶	丛植	配置植物	美观
6	大叶女贞	*Ligustrum lucidum*	木樨科 女贞属	灌木	清香型	花	列植	行道树	美观

续表

序号	中文名	拉丁名	科、属	种类	芳香类型	芳香部位	园林配置方式	生态功能	心理触感
7	八角金盘	*Fatsia japonica*	五加科 八角金盘属	灌木	无明显香气	叶	片植	配置植物	美观
8	鹅掌柴	*Heptapleurum heptaphyllum*	五加科 鹅掌柴属	灌木	无明显香气	叶	片植	配置植物	美观
9	杜鹃	*Rhododendron simsii*	杜鹃花科 杜鹃花属	灌木	清香型	花	丛植	配置植物	美观
10	罗汉松	*Podocarpus macrophyllus*	罗汉松科 罗汉松属	乔木	清香型	花	孤植	配置绿化	美观
11	常春藤	*Hedera nepalensis* var. *sinensis*	五加科 常春藤属	藤本	无明显香气	叶	片植	配置植物	美观
12	三色堇	*Viola tricolor*	堇菜科 堇菜属	草本	清香型	花	片植	配置植物	美观

注：调查时间为初夏。

二、公园芳香类园林植物应用调查及分析

1. 宝海公园芳香类园林植物应用现状与效果评价

图 1–4 是宝海公园部分芳香类园林植物实景图。根据调查，宝海公园乔灌木类的芳香类园林植物有茶梅、海桐、马蹄荷、红花檵木、桂花、天竺桂、西南桦、红花木莲、金钱松、厚皮香、罗汉松、梅花、藏柏、红枫、山茶、黄槐、香樟、八角金盘、鹅掌柴、杜鹃、小叶女贞，藤本类的芳香类园林植物有常春藤，草本类的芳香类园林植物有风车草、地涌金莲、芭蕉、蔓长春花。对调查结果进一步分析发现，宝海公园芳香类园林植物有 26 种，隶属于 18 个科、24 个属，芳香部位包括叶、花和茎，香型以清香型为主，种植方式包括孤植、列植、丛植和片植。具体情况如表 1–5 所示。

图 1-4　宝海公园芳香类园林植物实景

表 1-5　昆明市宝海公园主要应用的芳香类园林植物

序号	中文名	拉丁名	科、属	种类	芳香类型	芳香部位	园林配置方式	生态功能	心理感触
1	茶梅	*Camellia sasanqua*	山茶科 山茶属	灌木	清香型	花	丛植	林下地被	美观
2	海桐	*Pittosporum tobira*	海桐科 海桐属	灌木	清香型	叶	丛植	配置植物	美观
3	马蹄荷	*Exbucklandia populnea*	金缕梅科 马蹄荷属	乔木	清香型	花	孤植	绿化	美观
4	红花檵木	*Lorpetalum chinense* var. *rubrum*	金缕梅科 檵木属	灌木	无明显香味	花	丛植	配置绿化	美观
5	桂花	*Osmanthus fragrans*	木樨科 木樨属	灌木	清香型	花	孤植	庭荫树	美观
6	天竺桂	*Cinnamomum japonicum*	樟科 樟属	乔木	清香型	叶	列植	行道树	美观
7	西南桦	*Betula alnoides*	桦木科 桦木属	乔木	无明显香味	叶、茎	孤植	庭荫树	美观
8	红花木莲	*Manglietia insignis*	木兰科 木莲属	乔木	无明显香味	花	孤植	庭荫树	美观
9	金钱松	*Pseudolarix amabilis*	松科 金钱松属	乔木	清香型	叶、茎	孤植	庭荫树	美观

续表

序号	中文名	拉丁名	科、属	种类	芳香类型	芳香部位	园林配置方式	生态功能	心理感触
10	厚皮香	*Ternstroemia gymnanthera*	山茶科 厚皮香属	灌木	无明显香味	花、叶	孤植	庭荫树	美观
11	罗汉松	*Podocarpus macrophyllus*	罗汉松科 罗汉松属	灌木	清香型	叶	孤植	配置绿化	美观
12	梅花	*Prunus mume*	蔷薇科 杏属	小乔木	清香型	花	孤植	庭荫树	美观
13	藏柏	*Cupressus torulosa*	柏科 柏木属	乔木	清香型	叶、茎	孤植	庭荫树	美观
14	红枫	*Acer palmatum* 'Atropurpureum'	槭树科 槭属	乔木	无明显香味	叶	孤植	庭荫树	美观
15	山茶	*Camellia japonica*	山茶科 山茶属	灌木	清香型	花	孤植	庭荫树	美观
16	黄槐	*Senna surattensis*	苏木科 决明属	小乔木	清香型	花	孤植	庭荫树	美观
17	香樟	*Cinnamomum camphora*	樟科 樟属	乔木	清香型	叶	孤植	庭荫树	美观
18	八角金盘	*Fatsia japonica*	五加科 八角金盘属	灌木	无明显香气	叶	片植	配置植物	美观
19	鹅掌柴	*Heptapleurum heptaphyllum*	五加科 鹅掌柴属	灌木	无明显香气	叶	片植	配置植物	美观
20	杜鹃	*Rhododendron simsii*	杜鹃花科 杜鹃花属	灌木	清香型	花	丛植	配置植物	美观
21	小叶女贞	*Ligustrum quihoui*	木樨科 女贞属	灌木	清香型	叶	孤植	配置植物	美观
22	常春藤	*Hedera nepalensis* var. *sinensis*	五加科 常春藤属	藤本	无明显香气	叶	片植	配置植物	美观
23	蔓长春花	*Vinca major*	夹竹桃科 蔓长春花属	草本	清香型	花	片植	配置绿化	美观
24	风车草	*Cyperus involucratus*	莎草科 莎草属	草本	清香型	叶	丛植	水景配置	美观
25	地涌金莲	*Musella lasiocarpa*	芭蕉科 地涌金莲属	草本	无明显香味	花	孤植	庭荫树	美观
26	芭蕉	*Musa basjoo*	芭蕉科 芭蕉属	草本	无明显香味	花	丛植	配置绿化	美观

注：调查时间为夏季。

依据园林植物种类、园林美学、生态功能、园林植物配置等评价指标对宝海公园芳香类园林植物进行景观生态评价。根据调查结果可知，昆明市宝海公园的芳香类园林植物应用有 5 个特点：①宝海公园芳香类园林植物主要类型为芳香气味明显的园林绿化树种，乔灌木较多；②宝海公园芳香类园林植物芳香部位丰富；③芳香类园林植物种类丰富，共有 26 种，且以常绿、落叶以及开花的植物相互搭配进行配置；④芳香类园林植物芳香持续时间较长，香味特征明显，且观赏性较好；⑤局部芳香类园林植物之间和芳香类园林植物与非芳香类园林植物之间的搭配层次较好。总体来看，宝海公园的芳香类园林植物的景观生态效应相对较好，但芳香气味随季节性变化较大。

2. 昙华寺公园芳香类园林植物应用现状与效果评价

图 1–5 是昙华寺公园部分芳香类园林植物实景图。根据调查，昙华寺公园乔灌木类的芳香类园林植物有广玉兰、玉兰、山玉兰、紫玉兰、贴梗海棠、山茶、八角金盘、鹅掌柴、梨树、李树、云南黄素馨、云南樱花、蜡梅、侧柏、扁柏、花柏、圆柏、塔柏、雪松、罗汉松、香樟、海桐、桂花、杜鹃、天竺桂，藤本类的芳香类园林植物有常春藤，草本类的芳香类园林植物有麦冬、三色堇、一串红、四季秋海棠、蔓长春花。对调查结果进一步分析发现，宝海公园芳香类园林植物有 31 种，隶属于 17 个科、27 个属，芳香部位包括叶、花和

图 1–5　昙华寺芳香类园林植物实景

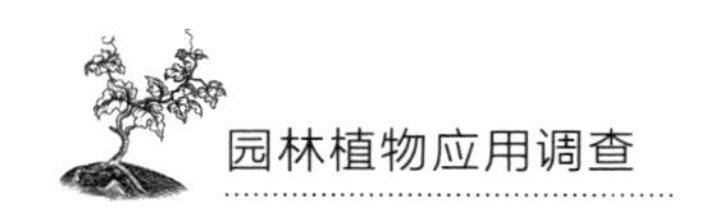

茎，香型以清香型为主，种植方式包括孤植、列植、丛植和片植。具体情况如表 1–6 所示。

表 1–6　昙华寺公园主要应用的芳香类园林植物

序号	中文名	拉丁名	科、属	种类	芳香类型	芳香部位	园林配置方式	生态功能	心理感触
1	广玉兰	*Magnolia grandiflora*	木兰科 北美木兰属	乔木	清香型	花	孤植	庭荫树	美观
2	玉兰	*Yulania denudata*	木兰科 玉兰属	乔木	清香型	花	孤植	庭荫树	美观
3	山玉兰	*Lirianthe delavayi*	木兰科 长喙木兰属	乔木	清香型	花	孤植	庭荫树	美观
4	紫玉兰	*Yulania liliflora*	木兰科 玉兰属	乔木	清香型	花	孤植	庭荫树	美观
5	贴梗海棠	*Chaenomeles speciosa*	蔷薇科 木瓜属	灌木	清香型	花	片植	庭荫树	美观
6	山茶	*Camellia japonica*	山茶科 山茶属	小乔木	清香型	花	孤植	庭荫树	美观
7	八角金盘	*Fatsia japonica*	五加科 八角金盘属	灌木	无明显香气	叶	片植	配置植物	美观
8	鹅掌柴	*Heptapleurum heptaphyllum*	五加科 鹅掌柴属	灌木	无明显香气	叶	片植	配置植物	美观
9	梨树	*Pyrus sorotina*	蔷薇科 梨属	乔木	清香型	花	孤植	庭荫树	美观
10	李树	*Prunus salicina*	蔷薇科 李属	灌木	清香型	花	孤植	庭荫树	美观
11	云南黄素馨	*Jasminum mesnyi*	木樨科 素馨属	灌木	清香型	花	丛植	配置植物	美观
12	云南樱花	*Prunus cerasoides*	蔷薇科 樱属	乔木	清香型	花	孤植	庭荫树	美观
13	蜡梅	*Chimonanthus praecox*	蜡梅科 蜡梅属	小乔木	清香型	花	孤植	庭荫树	美观
14	侧柏	*Platycladus orientalis*	柏科 侧柏属	乔木	清香型	叶、茎	孤植	庭荫树	美观

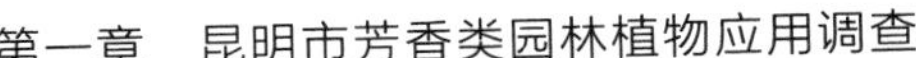

续表

序号	中文名	拉丁名	科、属	种类	芳香类型	芳香部位	园林配置方式	生态功能	心理感触
15	扁柏	*Chamaecyparis obtusa*	柏科 扁柏属	乔木	清香型	叶、茎	孤植	庭荫树	美观
16	花柏	*Chamaecyparis pisifera*	柏科 扁柏属	乔木	清香型	叶、茎	孤植	庭荫树	美观
17	圆柏	*Juniperus chinensis*	柏科 刺柏属	乔木	清香型	叶、茎	孤植	庭荫树	美观
18	塔柏	*Juniperus chinensis* 'Pyramidalis'	柏科 刺柏属	乔木	清香型	叶、茎	孤植	庭荫树	美观
19	雪松	*Cedrus deodara*	松科 雪松属	乔木	清香型	叶、茎	孤植	庭荫树	美观
20	罗汉松	*Podocarpus macrophyllus*	罗汉松科 罗汉松属	乔木	清香型	叶	孤植	配置植物	美观
21	香樟	*Cinnamomum camphora*	樟科 樟属	乔木	清香型	叶	孤植	庭荫树	美观
22	海桐	*Pittosporum tobira*	海桐科 海桐属	灌木	清香型	叶	丛植	配置植物	美观
23	桂花	*Osmanthus fragrans*	木樨科 木樨属	灌木	清香型	花	孤植	庭荫树	美观
24	杜鹃	*Rhododendron simsii*	杜鹃花科 杜鹃花属	灌木	清香型	花	丛植	配置植物	美观
25	天竺桂	*Cinnamomum japonicum*	樟科 樟属	乔木	清香型	叶	列植	行道树	美观
26	常春藤	*Hedera nepalensis* var. *sinensis*	五加科 常春藤属	藤本	无明显香气	叶	片植	配置植物	美观
27	蔓长春花	*Vinca major*	夹竹桃科 蔓长春花属	草本	清香型	花	片植	配置植物	美观
28	麦冬	*Ophiopogon japonicus*	百合科 沿阶草属	草本	清香型	花	丛植	配置植物	美观

续表

序号	中文名	拉丁名	科、属	种类	芳香类型	芳香部位	园林配置方式	生态功能	心理感触
29	三色堇	*Viola tricolor*	堇菜科 堇菜属	草本	清香型	花	片植	配置植物	美观
30	一串红	*Salvia splendens*	唇形科 鼠尾草属	草本	清香型	花	丛植	配置植物	美观
31	四季秋海棠	*Begonia cucullata*	秋海棠科 秋海棠属	草本	清香型	花	片植	配置植物	美观

注：调查时间为夏季。

依据园林植物种类、园林美学、生态功能、园林植物配置等评价指标对昙华寺公园芳香类园林植物进行景观生态评价。根据调查结果可知，昆明市昙华寺公园的芳香类园林植物应用有4个特点：①昙华寺公园芳香类园林植物主要类型为芳香气味明显、芳香气味特别的园林绿化树种，并根据寺观园林的特点多选用松柏类的园林植物进行搭配；②芳香类园林植物种类丰富，以常绿、落叶以及开花的植物相互搭配进行配置；③已选用的芳香类园林植物芳香持续时间较长，香味特征明显，且观赏性较好；④芳香气味的季节连续性较差。总体来说，昙华寺公园芳香类园林植物应用较普遍，局部芳香类园林植物的园林搭配层次尤好，同时与公园的定位结合性好。

3. 郊野公园芳香类园林植物应用现状与效果评价

图1–6是郊野公园部分芳香类园林植物实景图。根据调查，郊野公园乔灌木类的芳香类园林植物有云南樱花、垂丝海棠、满条红、紫薇、桃花、李树、梨树、杏树、碧桃、杜鹃、香樟、鹅掌柴、八角金盘、桂花、桉、天竺桂、侧柏、扁柏、花柏、圆柏、塔柏、罗汉松、山茶，草本类的芳香类园林植物有蔓长春花、麦冬、三色堇和一串红。对调查结果进一步分析发现，郊野公园芳香类园林植物有27种，隶属于14个科、22个属，芳香部位包括叶、花和茎，香型以清香型为主，种植方式包括孤植、列植、丛植和片植。具体情况如表1–7所示。

图 1–6　郊野公园芳香类园林植物实景

表 1–7　郊野公园主要应用的芳香类园林植物

序号	中文名	拉丁名	科、属	种类	芳香类型	芳香部位	园林配置方式	生态功能	心理感触
1	云南樱花	*Prunus cerasoides*	蔷薇科 李属	乔木	清香型	花	孤植	庭荫树	美观
2	垂丝海棠	*Malus halliana*	蔷薇科 苹果属	小乔木	清香型	花	孤植	庭荫树	美观
3	满条红	*Osmanthus fragrans* 'Mantiaohong'	木樨科 木樨属	小乔木	清香型	花	孤植	庭荫树	美观
4	紫薇	*Lagerstroemia indica*	千屈菜科 紫薇属	小乔木	清香型	花	孤植	庭荫树	美观
5	桃花	*Prunus persica*	蔷薇科 桃属	乔木	清香型	花	孤植	庭荫树	美观
6	李树	*Prunus salicina*	蔷薇科 李属	乔木	清香型	花	孤植	庭荫树	美观
7	梨树	*Pyrus sorotina*	蔷薇科 梨属	乔木	清香型	花	孤植	庭荫树	美观
8	杏树	*Prunus armeniaca*	蔷薇科 杏属	乔木	清香型	花	孤植	庭荫树	美观
9	碧桃	*Amygdalus persica*	蔷薇科 桃属	小乔木	清香型	花	孤植	庭荫树	美观

续表

序号	中文名	拉丁名	科、属	种类	芳香类型	芳香部位	园林配置方式	生态功能	心理感触
10	杜鹃	*Rhododendron simsii*	杜鹃花科 杜鹃花属	灌木	清香型	花	丛植	配置植物	美观
11	香樟	*Cinnamomum camphora*	樟科 樟属	乔木	清香型	叶	孤植	庭荫树	美观
12	鹅掌柴	*Heptapleurum heptaphyllum*	五加科 鹅掌柴属	灌木	无明显香气	叶	片植	配置植物	美观
13	八角金盘	*Fatsia japonica*	五加科 八角金盘属	灌木	无明显香气	叶	片植	配置植物	美观
14	桂花	*Osmanthus fragrans*	木樨科 木樨属	灌木	清香型	花	孤植	庭荫树	美观
15	桉	*Eucalyptus robusta*	桃金娘科 桉属	乔木	清香型	叶、茎	片植	庭荫树	美观
16	天竺桂	*Cinnamomum japonicum*	樟科 樟属	乔木	清香型	叶	列植	行道树	美观
17	侧柏	*Platycladus orientalis*	柏科 侧柏属	乔木	清香型	叶、茎	孤植	庭荫树	美观
18	扁柏	*Chamaecyparis obtusa*	柏科 扁柏属	乔木	清香型	叶、茎	孤植	庭荫树	美观
19	花柏	*Chamaecyparis Pisifera*	柏科 扁柏属	乔木	清香型	叶、茎	孤植	庭荫树	美观
20	圆柏	*Juniperus chinensis*	柏科 刺柏属	乔木	清香型	叶、茎	孤植	庭荫树	美观
21	塔柏	*Juniperus chinensis ‘Pyramidalis’*	柏科 刺柏属	乔木	清香型	叶、茎	孤植	庭荫树	美观
22	罗汉松	*Podocarpus macrophyllus*	罗汉松科 罗汉松属	乔木	清香型	叶	孤植	配置绿化	美观
23	山茶	*Camellia japonica*	山茶科 山茶属	小乔木	清香型	花	孤植	庭荫树	美观
24	蔓长春花	*Vinca major*	夹竹桃科 蔓长春花属	草本	清香型	花	片植	配置绿化	美观
25	麦冬	*Ophiopogon japonicus*	百合科 沿阶草属	草本	清香型	花	丛植	配置绿化	美观

续表

序号	中文名	拉丁名	科、属	种类	芳香类型	芳香部位	园林配置方式	生态功能	心理感触
26	一串红	*Salvia splendens*	唇形科 鼠尾草属	草本	清香型	花	丛植	配置绿化	美观
27	三色堇	*Viola tricolor*	堇菜科 堇菜属	草本	清香型	花	片植	配置植物	美观

注：调查时间为夏季。

依据园林植物种类、园林美学、生态功能、园林植物配置等评价指标对郊野公园芳香类园林植物进行景观生态评价。根据调查结果可知，昆明市郊野公园的园林芳香植物应用有 4 个特点：①郊野公园芳香类园林植物主要类型为芳香气味明显的园林绿化树种；②芳香类园林植物种类丰富，以常绿、落叶以及开花的植物相互搭配进行配置；③已选用的芳香类园林植物芳香持续时间较长，香味特征明显，且观赏性较好；④公园内芳香类园林植物芳香气味的季节连续性较差。总体来说，郊野公园的芳香类园林植物应用情况良好，特别是局部芳香类园林植物的搭配层次较好。

三、不同调查地点芳香类园林植物应用综合评价

1. 昆明市城市道路芳香类园林植物应用现状综合评价

从 3 条城市道路芳香类园林植物调查情况来看，应用的芳香类园林植物共计 15 种，隶属于 10 个科、13 个属，其中大部分植物重复应用。总体而言，城市道路芳香类园林植物种类不够丰富，芳香效果都不明显。3 条城市道路比较而言：金碧路芳香类园林植物应用情况最为良好，种类较多，层次搭配最丰富，生态群落效应也是最好的；其次是青年路，芳香类园林植物种类较少，层次搭配一般，生态群落效果也一般，而且某些路段栽植有树枝易断裂的银桦，存在安全隐患；最后是岔街，虽然芳香类园林植物种类最多，但层次搭配是最单一的，生态群落效果最差，但整条街道由于栽植了较多大叶女贞，在春末夏

初开花季芳香气味明显。

2. **昆明市公园芳香类园林植物应用现状综合评价**

从3个公园的芳香类园林植物应用调查情况来看，总体芳香类园林植物应用的数量都不够多，共有53种，隶属于25个科、45个属，其中有约一半种类重复应用，而且芳香效果季节性差异明显。相较之下，宝海公园芳香类园林植物的应用情况最为良好，植物层次搭配是最丰富的，生态群落效应也是最好的，但芳香气味不够明显；其次是昙华寺公园，应用树种最多，但层次搭配一般，生态群落效果也一般，但广泛栽植了广玉兰、山玉兰、紫玉兰、木兰以及塔柏、圆柏、花柏、侧柏、扁柏等芳香气味明显的芳香类园林植物，因而芳香气味季节性效果良好；最后是郊野公园，应用树种相对较少，层次搭配效果最差，生态群落效果也一般，但由于整个公园内栽植了较多的桃花、碧桃、云南樱花、紫薇、满条红、杏树、李树等在春季里观赏效果佳的开花类园林芳香植物，因而公园内的芳香气味季节性效果较好。

3. **昆明市城市道路和公园芳香类园林植物应用现状综合评价**

对调查的3条城市道路和3个公园的芳香类园林植物应用进行比较可以看出，总体上公园中的芳香类园林植物的应用比城市道路的芳香类园林植物的应用效果要好。城市道路和公园芳香类园林植物应用效果差异主要表现在5个方面：

①公园内选择的芳香类园林植物种类比城市道路选择的芳香类园林植物种类更加丰富，一般城市道路芳香类园林植物种类为10 ~ 15种，而公园内芳香类园林植物种类则可达30 ~ 50种。

②公园内地块面积较大，芳香类园林植物栽植的数量较多，因而形成的景观规模效果也相对较好，而城市道路因受地块面积的限制，芳香类园林植物栽植的数量较少，形成的景观规模和效果相对欠佳。

③公园内芳香类园林植物的群落配置层次更加丰富，植物搭配更加科学合理，而城市道路芳香类园林植物的群落配置层次不多，植物搭配也存在一些不足。

④公园内芳香类园林植物的季节性芳香效果较好。例如昙华寺公园和郊野公园的芳香类园林植物的芳香效果在春季尤为明显，宝海公园的芳香类园林植物的芳香效果在夏秋两季尤为明显。但城市道路芳香类园林植物的芳香效果则不明显，只有几种芳香类园林植物芳香效果比较好。例如岔街上的大叶女贞在开花季芳香浓郁；青年路上的银桦分泌油脂时有芳香气味，但芳香气味并不怡人；其他芳香类园林植物，如叶芳香的香樟和天竺桂则存在芳香气味不明显的问题。

⑤公园内芳香类园林植物的观赏性效果比城市道路的芳香类园林植物观赏效果好。公园内的芳香类园林植物采取群落组团式的芳香类园林植物和其他非芳香类园林植物搭配造景，并采取片植的植物造景方式进行搭配造景，在视觉感官上观赏效果佳。而城市道路芳香园林类植物一般是采取行列式的植物造景方式，在视觉感官上显得较单一，所以观赏效果相对欠佳。

第五节　调查结论与建议

一、结论

1. 芳香类园林植物应用种类不够广泛

根据《中国芳香植物资源（全6卷）》，我国境内野生、栽培的芳香类植物共2 412种。调查的昆明市3条城市道路共有芳香类园林植物15种，占我国境内芳香类植物总品种数的0.62%，其中金碧路10种，岔街11种，青年路12种（天竺桂、香樟、海桐、小叶女贞、八角金盘等重复应用）；3个公园中共有芳香类园林植物53种，占我国芳香类植物总品种数的2.20%，其中宝海公园26种，昙华寺公园31种，郊野公园27种（海桐、桂花、罗汉松等重复应用）；3条城市道路与3个公园的芳香类园林植物种类共59种，仅占我国芳香植物总品种数的2.45%。由此可见，芳香类园林植物在昆明市应用不够广泛，种类较为单一。

2. 现有的芳香类园林植物配置不够科学合理

调查发现，芳香类园林植物在配置栽植时不够科学合理。例如，有刺激性的芳香类园林植物不应该出现在公园中的儿童活动区和老年活动区，但在实际应用时上述地区却存在配置刺激性的芳香类园林植物的现象。同时，在公园的一些安静休息区可以适当、合理地配置芳香类园林植物，而实际却又没有配置。另外，对芳香类园林植物的药用价值、芳香治疗价值、心理舒缓价值、观赏价值等却没有进行合理开发应用。

3. 芳香类园林植物栽培养护管理程度不够

在调查中发现，很多芳香类园林植物因为缺乏科学合理的养护管理已经濒临死亡甚至是已经死亡。因此，改进和采用科学合理的芳香类园林植物栽培养护技术和方法尤为重要。

首先，应在浇水与排水方面加强管理。水分是植物的基本组成部分，能维持细胞膨胀从而使枝条伸直，叶片展开，花朵丰满、挺立、鲜艳，并使芳香类园林植物充分发挥观赏效果和绿化功能。

其次，要加强对施肥量的控制。栽植的各种芳香类园林植物，尤其是木本类植物，即使原来栽植地土壤比较肥沃，但肥力也会因逐年消耗而减少，因此应不间断地给土壤施肥，确保所栽植株旺盛生长。另外，施肥应把握好对量的控制，避免施肥过少达不到效果，或施肥过多对植物造成伤害。

再次，在养护管理期内应多次整形与修剪。整形修剪除了可以满足观赏的要求，还可以调节和控制植物生长与开花结果、生长与衰老更新之间的矛盾。植物整形修剪受植物自身和外界环境等诸多因素制约，即使是同一种树木，由于园林用途的不同，整形修剪的要求也是不同的。

最后，应加强病虫害防治。芳香类园林植物在生长发育过程中时常遭受各种病虫害的侵扰，轻者造成植物生长不良，失去观赏价值，重者则造成植株死亡。因此，重视病虫害的防治有利于增加芳香类园林植物的成活率和观赏效果。

二、建议

1. 提升芳香类园林植物应用种类和景观效果

芳香类园林植物类型较多，但目前仍有很多芳香类园林植物没有大范围应用到城市园林绿化之中，如芳香气味浓烈的芳香类园林植物、具有药用价值的芳香类园林植物、具有杀菌解毒作用的芳香类园林植物等。

芳香类园林植物种类的增加，不仅可解决园林植物配置丰富度不够的缺点，而且可解决园林植物配置景观层次不够丰厚的缺陷，还能增加植物芳香气味的类型。因此，芳香类园林植物种类的增加能从视觉和嗅觉两方面增加景观美观度和人体愉悦感。

在一些特定的园林景观要求下，现有的芳香类园林植物种类已经不能满足景观配置的需求。因此要加强培育芳香类园林植物种类的技术，加快新品种的开发，另外还可以从国外引进先进的栽培技术或优异的种质资源。

借鉴国外实际案例并结合昆明实际情况，可在以下几个层面加强芳香类园林植物应用：

第一，因地制宜，结合芳香类园林植物的自身特点和对环境的要求进行合理配置，使各类芳香类园林植物都能长势好且能发挥自身的功效。

第二，在实际进行植物选择与环境布局时，应重视生物的多样性，在满足园林植物生态功能和园林美学的基础上合理选择树种。芳香类园林植物假如种群单一，则在生态稳定性上是不足的，在景观上亦是单调的。芳香园林类植物配置时应注意乔、灌、草结合，这样可以增加植物群落的稳定性。

第三，在实际进行芳香类园林植物应用布局时应加强布局的合理性，注意疏朗有致，单群结合。芳香类园林植物的配置应考虑孤植、列植、片植、群植、混植等多种方式。这样不仅可以欣赏孤植植物的美，也可以欣赏到群植植物的美。

第四，要注重芳香类园林植物自身的文化性与周围环境的融合。例如“岁寒三友”松、竹、梅受许多文人雅士的喜爱，而且松、竹、梅都具有自身独特的芳香气味。因此在实际的绿地建设时要充分考虑此类芳香类园林植物的文化含义和生态功能。

2. 重视芳香类园林植物的综合利用

芳香植物不仅可供园林观赏和提取芳香油，而且往往还具有很多其他用途，如药用和食用等。因此，在推进香料产业发展的同时，应充分考虑芳香植物资源的综合利用，尽量采用科学的方法，最大限度地降低不同利用途径之间相互影响的程度，做到物尽其用。如可根据原料的特性决定先提取芳香油再进行其他利用，或先利用其他成分再提取芳香油。

通过以下几种方式可提高芳香类植物的应用范围：

第一，运用现代生物技术，加快新品种培育和繁殖进程。运用转基因技术，将野生芳香植物优良性状的基因转移到普通的植物上，培育出抗逆性强、经济性状好的优良种苗。同时，通过组织培养等无性繁殖手段来增加种苗的数量，提高繁殖过程中扦插、分株的成活率，并将一些优良品种在温带地区进行大面积的推广。

第二，因地适宜，提升引种驯化水平。由于人们对新香型的追求，引入新品种成为加强芳香植物应用的重要手段之一。但培育一个新的天然香料品种要经过许多环节。香气的优劣、经济的合理性、资源的储量等是引进一个有竞争力的新品种必须考虑的因素。天然香料品种繁多，但具体到某个地区种类则较为单一，因而除挖掘本地资源外，利用引种驯化培育适合本地气候和土壤条件的芳香植物新品种成为发展园林芳香植物的另外一条途径。

第三，根据不同目的采用不同收获法。在香料制作或加工时，在适当时节采收的香草，将保有最多的有益成分和香气。一般若以采花为主，则当花初开而未全盛时完整摘取；而采收叶或全草，则以茎叶茂盛或含苞待放时采收最适宜。通常而言，宜选在晴日的午前采收，这样有助于香草以后的干燥完整。

总之，实现芳香类植物的综合利用必将产生较大的经济效益、生态效益和社会效益，有效推动芳香植物开发利用的可持续发展。

3. 丰富芳香类园林植物园林应用形式

芳香类园林植物不仅能提供香气，而且往往拥有优美的姿态、艳丽的花朵或丰硕的果实，因而在园林中的应用前景颇为广阔。但就目前而言，芳香类园林植物在园林中的应用大多仍为庭院观赏盆栽，城市绿地中的应用不够丰富。为此，应大力倡导和推广芳香类园林植物的应用，努力探索丰富多样的应用形式，如加快推进芳香植物专类园、盲人园、夜花园以及植物保健绿地的建设等。

4. 扩大芳香类园林植物产业规模

芳香类园林植物的综合开发利用务必因地制宜，长短结合。根据各地的地理特点、资源分布以及生产状况，尽量选用优良品种实行区域化、集约化生产，重点发展具有地方特色且特性优良的芳香类园林植物种类。要注重切实改进加工工艺和更新设施设备，注重规模化经营和多样化经营的有机结合。此外，发展芳香类园林植物生产还应以不与农作物争地为原则，尽量少占耕地，多用荒地、荒坡或山地进行栽培。

本章参考文献

[1] 王羽梅．中国芳香植物［M］．北京：科学出版社，2008.

[2] 仲秀娟，李桂祥，赵苏海，等．谈芳香植物应用及前景［J］．现代农业科技，2008（24）：105.

[3] 欧阳杰，王晓东，赵兵，等．香料植物应用研究进展［J］．香料香精化妆品，2002（5）：32-34，24.

[4] 刘方农，彭世逞，刘联仁．芳香植物鉴赏与栽培［M］．上海：科学技术文献出版社，2007.

[5] 贺学礼．植物学［M］．北京：高等教育出版社，2004.

[6] 包满珠．花卉学［M］．2 版．北京：中国农业出版社，2003.

[7] 朱亮锋，李泽贤，郑永利．芳香植物［M］．广东：南方日报出版社，2009.

[8] 周武忠等 . 园林植物配置 [M] . 北京：中国农业出版社，1999.

[9] 韦三立 . 芳香花卉 [M] . 北京：中国农业出版社，2004.

[10] 罗镪 . 园林植物栽培与养护 [M] . 重庆：重庆大学出版社，2006.

[11] 陈学年 . 香花有益于健康 [J] . 西南园艺，2002，30（4）：59.

[12] 陈有民 . 园林树木学 [M] . 北京：中国林业出版社，1990.

[13] 张晓玮 . 观赏芳香植物在园林绿化中的作用与应用 [J] . 安徽农业科学，2009，37（33）：16632-16635.

[14] 廖宇兰，包盛妃，赵纪元，等 . 芳香植物在园林中的应用 [J] . 现代园艺，2021，44（19）：120-121.

[15] 王威，龙丹丹，欧阳底梅 . 芳香植物在深圳公园中的应用探析 [J] . 广东园林，2021，43（1）：80-84.

[16] 杜莹 . 紫微山国家森林公园芳香植物资源调查及其园林应用评价 [D] . 杭州：浙江农林大学，2019.

[17] 刘亚迪，徐珊珊，冷华南 . 芳香植物在生态园林城市中的应用 [J] . 城乡建设，2019（23）：36-39.

[18] 梁磊 . 芳香植物的作用及园林应用形式 [J] . 现代园艺，2019（19）：130-132.

[19] 何雪雁，金荷仙，姜嘉琦 . 芳香植物的应用历史及园林应用研究进展 [J] . 浙江林业科技，2019，39（4）：87-94.

[20] 李爱枝 . 观赏芳香植物在园林绿化中的应用 [J] . 科技经济市场，2018（6）：14-16.

[21] 王颖 . 安康城区芳香植物群落分析及植物造景研究 [D] . 兰州：甘肃农业大学，2018.

[22] 刘卜僖，贺晓娟，陈靖宇，等 . 芳香植物在热带园林绿地应用中的拓展：以海南省海口市香世界庄园为例 [J] . 热带农业科学，2018，38（1）：109-113.

[23] 章徐 . 观赏芳香植物在园林绿化中的作用与应用 [J] . 河南农业，2016

(26): 34.

[24] 龙琪霞 . 略谈芳香植物在长三角地区园林景观中的应用 [J]. 绿色科技，2016 (17): 53-54.

[25] 郝江珊，邢剑锋，符桂娴，等 . 海口市公园芳香植物种类及应用调查 [J]. 热带生物学报，2015，6 (2): 180-188.

[26] 郝江珊 . 海南芳香植物资源及其在海口城市公园绿地应用研究 [D]. 海口：海南大学，2015.

[27] 金晨 . 芳香植物在高校校园景观中的应用研究：以湖南农业大学校园景观“香轴”为例 [D]. 长沙：湖南农业大学，2014.

[28] 张凤宇 . 长沙市园林芳香植物群落分析及植物配置研究 [D]. 长沙：中南林业科技大学，2014.

[29] 马彪 . 基于芳香产业特色下的都市农业园区规划设计研究：以安宁玫瑰庄园为例 [D]. 昆明：昆明理工大学，2014.

[30] 魏园园，高成广 . 云南富民县明熙苑室外温泉芳香植物设计 [J]. 中国园艺文摘，2013，29 (12): 108-110.

[31] 李名钢，孟洁 . 咸宁市园林绿地中观赏芳香植物的应用现状及分析 [J]. 黑龙江农业科学，2014 (1): 148-152.

[32] 陈德朝，鄢武先，马履一，等 . 汶川震区城乡绿化恢复重建中观赏性芳香植物应用分析：以北川县为例 [J]. 广东园林，2013，35 (6): 69-74.

[33] 廖萌 . 芳香植物在保健型园林中的应用研究进展 [J]. 上海农业科技，2016 (5): 82-83.

[34] 马永鹏，张红霞，杜芝芝 . 云南高原芳香植物精油在化妆品中的应用 [J]. 天然产物研究与开发，2018，30 (1): 146-154.

第二章
昆明市水生园林植物应用调查

导读： 水生园林植物是水生生态系统的重要组成部分，对生态平衡的维持和生态功能的发挥有非常重要的作用。近年来，随着人们对园林水景的青睐，水生植物在高档住宅小区、水景园、湿地公园建设以及污水生物处理等方面发挥的作用越来越大。但我国目前对水生植物的研究应用还较少。为了解昆明市水生园林植物的应用现状，本次调查按照城市绿地系统分类，确认了14个调查地点，并从园林植物种类、园林美学、生态功能、园林植物配置等方面对调查地点水生园林植物景观进行了评价，以期为水生园林植物的应用提供一定依据。

第一节　引　言

一、水生园林植物的概念

水生植物是指生长在水中或潮湿土壤中的植物，包括水生草本植物和水生木本植物。而水生园林植物是指生长在水体、沼泽或潮湿土壤中，可形成园林景观的植物群体。水生园林植物与其他园林植物明显不同的习性是对水分的严重依赖。

二、水生园林植物的类型

根据水生园林植物的生长特性以及在园林景观中的不同应用，以形态和生态习性为主要评价指标，可将水生园林植物分为以下 5 类：

①沉水园林植物。这类植物根扎于水下泥土之中，全株沉没于水面之下。常见的有苦草、大水芹、菹草、黑藻、金鱼藻、竹叶眼子菜、狐尾藻、水车前、石龙尾、水筛、水盾草等。

②漂浮园林植物。这类植物茎叶或叶状体漂浮于水面，根系悬垂于水中漂浮不定。常见的有大薸、浮萍、萍蓬草、满江红、凤眼莲等。

③浮叶园林植物。这类植物根生长在水下泥土之中，叶柄细长，叶片自然漂浮在水面上。常见的有金银莲花、睡莲、菱等。

④挺水园林植物。这类植物茎叶伸出水面，根和地下茎埋在泥里。常见的有黄花鸢尾、水葱、香蒲、菖蒲、蒲草、芦苇、荷花、泽泻、雨久花、水蓑衣、半枝莲等。

⑤滨水园林植物。这类植物根系常扎在潮湿的土壤中，耐水湿，短期内可忍耐被水淹没。常见的有池杉、落羽衫、水松、千屈菜、辣蓼等。

三、水生园林植物的应用现状与相关研究

全世界水生植物共有 87 科 168 属 1022 种。中国水生维管束植物共计 61 科 145 属 400 余种及变种，具备园林观赏价值的共计 31 科 42 属 115 种，广泛分布在海拔 350 米以下不同纬度的水域中。国外对水生植物的运用日趋广泛，尤其是在美国、日本等国家。水生植物不仅能美化环境，也能净化水体。而我国自古就有将水生植物运用到园林中的习惯，尤其是在中国古典园林中的运用，被许多外国园林争相效仿。近几年，昆明市已经开始大量使用水生植物，用于景观的设置以及水体的净化，尤其是在滇池水质的改良中更是使用了大量的水生植物。

水生园林植物在生态平衡方面也有很高的应用空间。目前，水生高等植物在生态平衡和修复中的研究主要包括 8 个方面：①不同的水生植物在不同的季节对水中氮、磷的富集能力研究；②不同类型的水生高等植物对污染的吸收能力研究；③如香根草之类的水陆两栖植物，在净化富营养化水体方面的效果研究；④水生植物的定期收割在削减水体内源营养负荷、净化水体方面的作用研究；⑤水生植物根系对有机物、重金属等的吸收作用，以及根际微生物的降解作用研究；⑥对人工湿地植物的选择的研究；⑦水生植被的重建，在抑制浮游植物的生长方面的作用研究；⑧植物的不同器官中磷、钾含量存在的差异研究。

在水生园林植物景观设计方面，有研究对自然式景观湖中水生园林植物的应用做了详细描述。根据园林景观中水源环境的自然基础情况，对水生植物的应用方式也应分别进行对应的设计。首先，在自然式景观湖中的水生植物应用中，空间布局要体现观赏性和生态性，水生植物在景观水体中的占比不宜低于 1/3，并且需充分考虑驳岸水缘构造、水面的布局需求以及驳岸衔接的实际陆地空间环境情况。其次，对于陆地空间较为封闭的空间，例如背景林，采用植物群落块状混交的方式对水生植物进行布局，在垂直空间上，设“上层植物 + 中层植物 + 下层植物”的景观结构，形成植物高低起伏的错落布局。最后，对于陆地空间为较开敞的空间，例如阳光草坪、疏林草地等人们能够直接靠近水缘，并且视线可以直接到达水缘的环境，平面植物布局应结合陆地空间的实际情况，采用丛植布置或者植物群落块状混交的方式实现对水生植物的布局，在景观中留出足够的视景线，提高观赏性。

第二节　调查目的及意义

昆明市地处云贵高原中部，市区中心海拔 1891 米，南濒滇池，三面环山，属于低纬度高原山地季风气候。海拔高、纬度低、阳光辐射强、雨量充沛，使水生植物能够生长良好。

水生园林植物能营造出具体的形态美和抽象的意境美，使水景整体感觉更

自然且和谐。但其价值不仅在于此。现在由于各方面的因素，许多水体中农药残留、化肥聚积及氮磷等污染物超标，严重影响水体的生态平衡。很多水体出现富营养化现象，水体颜色由清变绿，由绿变黄，由黄变褐，甚至产生异味。因此，现在很多景观水在造池理水前就考虑水质净化方案。多项调查和研究表明，水生植物对水体净化的效果显著。

本研究旨在通过调查昆明市水生园林植物的种类、景观效果和生态效果等，了解水生园林植物的应用情况，为合理应用水生园林植物提升园林景观观赏功能和生态功能提供一定依据。

第三节　调查地点与调查方法

一、调查地点

依据绿地系统评价要求，结合昆明市实际情况、人口聚集程度、主要城市功能划分，本次调查选取了高校、住宅区和公园 3 类调查地点。这 3 类地点都是面积较大、绿化程度高、景观植物运用较多且有可能运用水体景观的地方。

1. 高校

调查选择了分布较为分散且面积较大的 8 所高校，分别为西南林业大学、昆明理工大学、云南大学、云南农业大学、云南财经大学、云南师范大学、云南民族大学、云南艺术学院。本次调查主要选择了位于主城区的校园，不包括呈贡、崇明和安宁等校区。

2. 住宅区

调查选择了绿化程度较高、环境较为优美的 3 个小区，分别为金色俊园小区、人与自然小区和月牙塘小区。

金色俊园小区位于昆明市区内东北方向，白龙路与二环东路的交汇处，属于中高档小区，总建筑面积约 418 874 平方米，绿化率 50.2%。

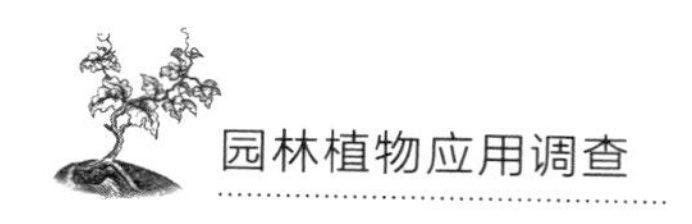

人与自然小区位于“世博生态圈”核心地带白龙路东段，背依浩瀚的金殿国家森林公园，毗邻世博汽车市场，后临西南林学院、昆明理工大学白龙校区，占地约 60 667 平方米，绿化率 46.8%，水域面积约 9 965 平方米，是纯水生态大型社区。

月牙塘小区位于昆明市北市区霖雨路，小区环境优美，正对月牙潭公园，面积不是很大，属于中档小区，绿化率较高，陆生植物的运用较多，水域面积约 30 平方米。

3. 公园

调查选择了莲花池公园、翠湖公园、月牙潭公园 3 个公园。

莲花池公园位于昆明市区北部，圆通山西北面、商山下，池侧有水口，水满时流入盘龙江，总占地面积约 54 467 平方米，绿化面积约 30 000 平方米，绿地乔木覆盖率达 90%，水体面积约 23 000 平方米。公园中水生园林植物的运用，无论种类还是数量都比较多，水体景观设计比较精致。

翠湖公园位于昆明市区的螺峰山下、五华山西麓，因八面水翠、四季竹翠、春夏柳翠，故称“翠湖”。翠湖公园水光潋滟，绿树成荫，环境优美，享有“城中之玉”的美称。公园总面积约 210 000 平方米，其中水面面积约 150 000 平方米。优美的水域景观是翠湖公园的最大特色。

月牙潭公园位于昆明市北城区，公园占地约 160 000 平方米，其中水面积超过 50 000 平方米，绿化率达 70%，是一座以自然风光为主体的现代园林景观公园。公园水域面积比较大，所以水生植物的运用也比较有借鉴意义。

二、调查方法

资料查阅：通过查找和阅读相关的资料和文献，了解水生植物的种类、研究现状等。

样地选取：通过查找资料、走访调研等，选取调查点。

实地调查：到选取的各调查点进行实地景观的调查，用文字、影像等方式

记录下调查点的各个景观。

调查结果整理：结合查阅的各种资料，对实地调查结果进行整理归纳。

分析与总结：对调查结果进行分析与总结，并提出合理的建议。

三、主要评价依据

在景观价值评价中，比较注重景观的层次感、空间感和结构布局，水体景观也不例外。

在选择水生植物时，首先，注重水生植物间的搭配，包括水生植物质感的搭配、叶子颜色的搭配及花色的搭配；其次，注重水生植物所形成的景观与周围环境的搭配是否融洽、和谐；最后，看水生植物所组成的景观的空间感、层次感和布局是否合理，是否会让人觉得突兀，抑或是没有立体感，太过呆板。

而一处好的水体景观应该是综合以上三点，即植物搭配上，无论水生植物与水生植物，还是水生植物与陆生植物之间的配搭都要有层次，并能够与周围环境相协调，空间感强，布局合理。

第四节　调查结果及分析

一、高等院校水生园林植物调查及分析

1. 高等院校水生园林植物应用现状

调查发现，高校校园对水生园林植物的运用比较少，种类也比较单一，运用较多的是美人蕉和荷花。大部分的校园内都不设水体景观，即使有水体景观的高校也不太注重水生植物的运用。实地调查的 8 所院校中，拥有水体景观的只有云南大学、昆明理工大学和云南师范大学，而且水体景观区除荷花外很少配置其他的水生园林植物。昆明理工大学和云南民族大学分别在陆地上种植了

梭鱼草和芋于校园中。

2. 高等院校水生园林植物应用分析

经分析，可能出于安全考虑，高等院校缺少景观湖，因而运用水体景观的例子比较少。总体来说，高校对水生园林植物的运用方式比较简单，运用的数量也比较少。同时，在水生景观植物的配置上，也显得比较重复且单一，基本上都是美人蕉（陆地种植）搭配上陆生的一些植物，比如女贞等；或者就仅仅只是丛植美人蕉。从园林美学角度分析，高校水生园林景观效果非常不理想。但水生园林植物的应用对校园的环境来说，还是起到了一些点缀作用——提高了比较潮湿的园地的利用率，增加了校园内的绿化面积。

二、住宅区水生园林植物调查及分析

1. 金色俊园小区水生园林植物应用现状与效果评价

图 2–1 至图 2–5 是金色俊园小区水生园林植物应用的部分实景。

图 2–1 是金色俊园的一处水体景观。此处景观在植物搭配上很有层次。水生园林植物的种类主要选择了水葱、蔗草、千屈菜和睡莲，给人一种自然、和谐又不失野趣的感觉。水岸与水生园林植物的完美结合，既不失趣味感又拥有设计感。

图 2–2 中所示的是金色俊园小区的一个驳岸实际效果。该景点曲线的运用

图 2–1　金色俊园小区水体景观（一）

具有美学特征，岸上草坪、苏铁的运用效果非常好。金叶石菖蒲的运用使整个景色看起来活泼而有层次，没过河岸的清澈的水面及水面下的鹅卵石，添加了自然感和趣味感。

图 2–3 为金色俊园小区的亲水平台应用效果。该平台能够满足人们的亲水戏水需求。虽然水体的设计可能会增加实际的危险性，但从接近水岸的一排水葱的种植可知，水体深度不会太深。因此该平台同时兼顾了安全与美观，设计感十足，而木质亲水平台与水葱种植的结合却又给人舒适之感。

图 2–2　金色俊园小区水体景观（二）

图 2–3　金色俊园小区水体景观（三）

图 2–4 是金色俊园小区梭鱼草应用实景。该景点注重梭鱼草的运用，让现代风格的歇息亭变得自然、美观，与四周的环境融洽地结合在一起，成为人们休闲时的好去处。

图 2–4　金色俊园小区景观（四）

图 2–5 为金色俊园小区运用纸莎草造景的水体景观。该处水生园林植物运用效果不是很好。该景点的水坛设在整个水景的中央，高度也高于其他部分，成为这一整部分的中心景点。但是可以看到，此处植物的配置比较单一，虽然具有一定的空间感，却在层次方面显得过于跳跃，所以在大片的水景中就显得有些突兀。建议在这里使用比较矮小的植物，这样能够在遮住泥土的同时使层次更优美。

图 2–5　金色俊园小区水体景观（五）

此外，金色俊园小区还应用了芦苇、美人蕉、马蹄莲、再力花、旱伞草、黄花鸢尾、菖蒲、芋、花叶芦竹等水生园林植物。

总体来看，金色俊园小区比较注重对水生园林植物的运用，在种类多样性和配置方式的运用上都比较好。小区选用了蕉草、千屈菜、水葱、马蹄莲等十余种水生植物，搭配上陆生植物的运用，使每处景观都富有层次和设计感。而正因为对植物的恰当运用，小区营造出一种自然和谐的环境，并使人能够感受到每一处设计的精致。

2. 人与自然小区水生园林植物应用现状与效果评价

图 2–6 至图 2–8 是人与自然小区水生园林植物的应用效果图。

图 2-6　人与自然小区水体景观（一）

图 2-6 是人与自然小区运用野生菰的景观。该景观将野生菰与石材的运用完美结合，体现了一种自然的美感。同时，野生菰、石材与陆生植物的合理搭配，与水面形成了和谐的景观效果，富有立体感，并且巧妙运用了倒影的效果，成为道路旁一道优美的景色。

图 2-7 是人与自然小区内运用菖蒲与垂柳的景观。立于水面上的菖蒲与河岸旁的垂柳形成相互辉映的效果。但由于水质原因，水中的倒影效果并不太好，背景也没有其他的水生植物与之相呼应。因此建议该处加强对水生园林植物种类的合理运用，与菖蒲形成呼应，这样景观效果会更好。

图 2-7　人与自然小区水体景观（二）

图 2-8 中人与自然小区运用龟背竹的景观。该处景观给人一种欣欣向荣的感觉，喜水植物龟背竹与其他植物之间的配搭使后面的亭子也融入其中，加上其他植物的配置，整体上很有层次，富有立体感，让人不自觉地想到亭子里坐坐，去感受它这一份“热闹”。

图 2-8　人与自然小区水体景观（三）

此外，人与自然小区还应用了芦苇、纸莎草、美人蕉、梭鱼草、芋、水葱等水生园林植物。

总体来看，人与自然小区在水体景观上比较注重景观湖实际地形的运用，围绕人工流淌的小河，合理配置了各种水生植物，再加上陆生植物、亭子的合理搭配，给人一种“小桥流水人家”的亲切、自然之感。

3. 月牙塘小区水生园林植物应用现状与效果评价

图 2-9 是月牙塘小区水生园林植物应用效果。月牙塘小区水生园林植物运用较少，以睡莲为主。设计者也许是想设计出一种江南所特有的湖、荷、石桥结合的景色，但在实际运用过程中，因湖面的面积受到限制，显得桥体太大，从而达不到预期的效果。但是，睡莲的运用还是有一定的效果的，由于水面的

图 2-9　月牙塘小区水体景观

限制，给人感觉小巧的睡莲反而比荷花好很多。

此外，月牙塘小区还应用了荷花、美人蕉、萍蓬草、梭鱼草、芋等水生园林植物。

总体来看，月牙塘小区在水生园林植物的运用上相对欠缺一些，水生园林植物的种类比较简单，各种景观设计元素运用少，效果较差。

三、公园水生园林植物应用调查及分析

1. 莲花池公园水生园林植物应用现状与效果评价

图 2–10 是莲花池公园运用花叶芦竹与水葱的景观。花叶芦竹与水葱合理配搭，种植于驳岸上，作为装饰植物可以添加几分野趣，自然又不失层次感，在颜色上的变化，也会给人一种新鲜的感觉。

图 2–10　莲花池公园水体景观（一）

图 2–11 为莲花池公园应用黄菖蒲的景观。丛植的黄菖蒲，竖立在湖岸边。但由于干旱，湖面较浅，几乎可以看到露出的泥土，因此观赏效果受到了一定的影响。假如有充足的水，这一景观效果将会提升很多。湖中的荷花、岸边的黄菖蒲相互呼应，与旁边的树木形成对比，整体上空间感和层次感都运用得很好。

图 2–11　莲花池公园水体景观（二）

图 2–12 为莲花池公园应用再力花的景观。大片丛植的再力花，给人一种延伸感。不足的是应用的水生植物的品种及颜色都有些单调。如果能利用不同植物的高度和颜色制造出一些色差和层次，景观效果会更好。

图 2–12　莲花池公园水体景观（三）

图 2–13 为莲花池公园应用黄花鸢尾、香蒲和再力花的景观。黄花鸢尾、香蒲和再力花的配搭很有层次感。浅色系的黄花鸢尾与深色系的再力花放在一起，给人一种跳跃的感觉，但因为有了香蒲在中间的调节，就会让人觉得是理所当然的，自然、和谐而不失层次感。

图 2–13　莲花池公园水体景观（四）

图 2–14 为莲花池公园应用纸莎草的景观。大片丛植的纸莎草，给人热闹非凡的感觉，和远处安静的荷叶形成对比，同时也把层次和空间感表现出来。缺点是水生园林植物的运用依然还是比较单调，应增加植物种类和层次感。

图 2–14　莲花池公园水体景观（五）

此外，莲花池公园还应用了荷花、芦苇、美人蕉、马蹄莲、千屈菜、萍蓬草、旱伞草、芋、藨草、泽泻、花菖蒲等水生园林植物。

2. 翠湖公园水生园林植物应用现状与效果评价

图 2–15 为翠湖公园应用睡莲的景观。翠湖公园虽然水域面积较大，但对水生园林植物的运用比较少，大片的湖面种植的都是睡莲，所以感觉有些单

调，只有零星的花才能与之形成对比。因此建议适当增加水生园林植物种类的运用，减少单调感的同时添增趣味感。

图 2–15　翠湖公园水体景观（一）

图 2–16 是翠湖公园应用菖蒲与荷花的景观。丛植的菖蒲与荷花形成对比，有了很好的层次和空间感。这是在翠湖公园比较少有的景观，在大片的水域里也只有这样的几处菖蒲，多运用的是荷花和睡莲，所以显得有些突兀而不够自然。建议在靠近水岸处增加菖蒲的种植数量，增强整体空间感。

图 2–16　翠湖公园水体景观（二）

此外，翠湖公园还应用了芦苇、纸莎草、美人蕉、萍蓬草、旱伞草、梭鱼草、蔗草、菰、香蒲、花叶芦竹、水葱等水生园林植物。

3. 月牙潭公园水生园林植物应用现状与效果评价

图 2-17 为月牙潭公园应用菖蒲的景观。水中有竖立的菖蒲，水底有富有层次的石材堆积，岸边有纸莎草，整个景观都很有趣味性，成为游客们所喜爱的景观之一。

图 2-17　月牙潭公园水体景观（一）

图 2-18 是月牙潭公园应用肾蕨的景观。该处景观用层次感丰富的石材堆积，以及在山腰顽强生长的肾蕨，营造出一幅体现大自然中生命顽强的画面，自然而不造作，而“哗哗”的流水声更添加了气氛。

图 2-18　月牙潭公园水体景观（三）

图 2-19 是月牙潭公园应用菖蒲和纸莎草的景观。景观中菖蒲、纸莎草无

规则地种植在一起，与无规则堆积的石材形成呼应。而不足的是植物的层次不够，显得杂乱无章，色彩也显得有些单调，空间感不够强。因此建议适当增加水生植物的种类，增加层次感。

图 2–19　月牙潭公园水体景观（三）

图 2–20 是月牙潭公园应用水葱的景观。水葱的种植很有特色，大簇水葱种植在水中，随风摇曳，形似芦苇，但是又没有芦苇看起来那么厚重，纤瘦得就像是古人所云“窈窕淑女”般。水中红色的鱼儿自由地游戏其中，与远处开红花的美人蕉相呼应，显得空间感很丰富。

图 2–20　月牙潭公园水体景观（四）

图 2–21 是月牙潭公园运用美人蕉的景观。一处美人蕉丛植在水中，与木质的桥形成对比，在这里虽然只用到一种水生植物，但由于有高矮、有层次的排列，所以并不显得单调，尤其是美人蕉只有高一些的才开花，就让层次更加明显。

图 2–21　月牙潭公园水体景观（五）

此外，月牙潭公园还应用了荷花、芦苇、千屈菜、萍蓬草、旱伞草、梭鱼草、黄花鸢尾、芋、藨草、菰、泽泻、香蒲、花叶芦竹、花菖蒲等水生园林植物。

四、不同调查地点水生园林植物应用综合评价

总体上，相比高校校园和住宅区，公园中的水生园林植物无论是在种类上还是数量上都偏多，尤其在以水体景观为主的公园内。但有些公园内的水生植物在配置上还缺少一些技巧，在视觉上，其层次感、立体感和植物的质感的运用有些不尽人意，显得有些不够自然，运用的植物种类总体上还不够丰富，所以有些景观看起来有些单调。

对调查结果综合分析可以发现，昆明市主要应用的水生园林植物共有 23 种，隶属于 12 个科，主要为挺水和浮叶园林植物，总体而言应用的种类较少

（表 2–1）。进一步分析发现，23 种水生园林植物中：美人蕉应用最多，在所有调查点都有应用；其次为梭鱼草和荷花，在 7 个调查点有应用；应用最少的是马蹄莲、再力花、泽泻、花菖蒲、金叶石菖蒲、黄冒蒲，仅在 1 ~ 2 个调查点有应用。从景观角度分析，不同调查点景观效果不同，总体景观配置效果一般。同时也发现，在水生园林植物应用不多的情况下，运用各种开花植物色彩的组合变成搭配也能形成主题，达到良好的装饰效果。而不同的水生园林植物也具有不同姿韵，相互组合也能够形成不同的景观效果。

表 2–1　昆明市区内调查点水生植物分布情况

中文名	拉丁名	科名	生活型	调查地点 *
荷花	*Nelumbo nucifera*	睡莲科	挺水	1，2，3，4，7，9，12
芦苇	*Phragmites australis*	禾本科	挺水	1，2，3，5，6
纸莎草	*Cyperus papyrus*	莎草科	挺水	1，2，3，5，6
美人蕉	*Canna indica*	美人蕉科	挺水	1，2，3，4，5，6，7，8，9，10，11，12，13，14
马蹄莲	*Zantedeschia aethiopica*	天南星科	挺水	1，5
千屈菜	*Lythrun salicaria*	千屈菜科	挺水	1，3，5
萍蓬草	*Nuphar pumilum*	睡莲科	挺水	1，2，3，4
再力花	*Thalia dealbata*	竹芋科	挺水	1，5
旱伞草	*Cyperus alternifolius*	莎草科	挺水	1，2，3，5
梭鱼草	*Pontederia cordata*	雨久花科	浮叶	1，2，3，4，5，6，9
黄花鸢尾	*Iris pseudacorus*	鸢尾科	挺水	1，3，5
菖蒲	*Acorus calamus*	菖蒲科	挺水	2，3，5，6
芋	*Colocasia esculenta*	天南星科	挺水	1，3，4，5，6，8
藨草	*Scirpus triqueter*	莎草科	挺水	1，2，3，5
菰	*Zizania caduciflora*	禾本科	浮叶	1，2，3，6
泽泻	*Alisma orientale*	泽泻科	挺水	1，3
香蒲	*Typha latifolia*	香蒲科	挺水	1，2，3
花叶芦竹	*Arundo donax 'Versicolor'*	禾本科	挺水	1，2，3，5
水葱	*Schoenophectus tabernaemontani*	莎草科	挺水	1，2，3，5，6

续表

中文名	拉丁名	科名	生活型	调查地点 *
花菖蒲	*Iris kaempferi*	鸢尾科	挺水	1，3
金叶石菖蒲	*Acorus gramineus ‘Ogan’*	菖蒲科	挺水	5
黄菖蒲	*Iris preudacorus*	鸢尾科	挺水	1
睡莲	*Nymphaea tetragona*	睡莲科	浮叶	2，4，5
肾蕨	*Nephrolepis cordifolia*	肾蕨科	滨水	3

* 调查地点中：1 为莲花池公园；2 为翠湖公园；3 为月牙潭公园；4 为月牙塘小区；5 为金色俊园小区；6 为人与自然小区；7 为云南大学；8 为云南民族大学；9 为昆明理工大学；10 为云南农业大学；11 为西南林业大学；12 为云南师范大学；13 为云南财经大学；14 为云南艺术学院。

第五节　调查结论与建议

一、结论

水生园林植物应用最多的是公园，其次是住宅区，运用最少的是高校。以水体景观为主的公园和小区中，对水生园林植物的运用比较多一些。而其他的一些不以水景为主的休闲公共区域对水生植物的运用比较少，无法满足人们的亲水性需求。尤其在对高校校园的调查中发现，只有云南大学、昆明理工大学和云南师范大学拥有水景，而这几所学校的水景中除荷花外也基本不运用其他的水生园林植物。

水生园林植物的种类比较单一。校园水生园林植物以荷花和美人蕉居多，住宅区和公园水生园林植物以荷花、梭鱼草等居多。如翠湖公园几个水池都反复使用睡莲和荷花搭配的配置方式，物种单一，景观单调，一年四季基本没有色彩变化。小区也存在类似的现象，比如金色俊园小区大片种植水葱和旱伞草。因此在进行水生植物景观设计时，既要注意不同质感的对比，也要注意彼此之间的调和，从而形成质感丰富的整体。调查中还发现，多处单一地使用睡

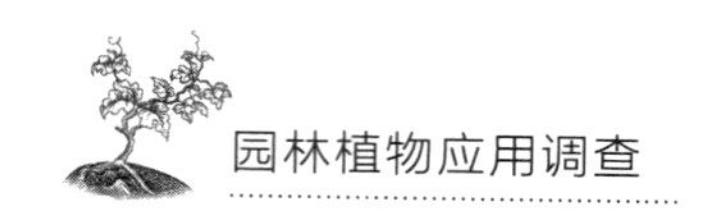

莲来装饰水池，使整个景色单一，欠缺层次感，且忽略了水池岸边的装饰。

不同调查点水生园林植物景观效果各有特色。一些调查点主要营造的是富有野趣的氛围，而一些调查点则以营造安静、休闲，具有一定隐秘性的氛围为主。如3个小区的景观营造就具有一定隐秘性的氛围；学校的景观特点则比较安静、休闲；公园内的景观则是开阔与隐蔽相结合，其中月牙潭公园和莲花池公园比较注重自然和野趣，而翠湖公园则比较注重人工的雕饰。

二、讨论与建议

通过调查发现，学校对水生园林植物的运用比较少，可能主要出于安全考虑。并且高校对水生植物的运用比较单一，种类也很少，景观效果不太好，观赏价值也不是很高。相比之下，公园和小区对水生园林植物的运用比较多一些。

水生园林植物能够营造休闲、安静的氛围，也可增添景观的野趣，但水体景观的维护费用比较高。所以整体上，依然只有较少的公园和住宅区会使用水体景观和水生园林植物来提升景观价值。在对水生园林植物的运用方面，近几年里，昆明市才开始大量运用水生植物，所以在运用水生植物造景方面还存在一些不足，比如景观的层次上、空间感上还需要一些设计技巧和栽植技能。

建议在水体景观中，多运用一些水生园林植物提升景观价值，营造出富有层次感、空间感、设计感且意境深远的景观效果，同时尽量避免重复使用少数几种水生园林植物来营造水体景观，否则不仅使水体景观达不到预期的效果，更让人产生乏味的感觉。

在生态功能方面，水生园林植物对水体的净化有显著效果。研究表明，没有植物的水体污染物的去除能力弱于有植物存在的环境。因此，如果水生园林植物的主要作用是用来净化水体的，就要注意根据水体的具体情况来合理配置植物。要针对不同的环境类型来配置不同的水生植物，做到生态环境与景观价值两不误。

本章参考文献

[1] 昆明市地方志编纂委员会办公室．昆明年鉴［M］．昆明：云南民族出版社，2016.

[2] 黄珂，吴铁明，吴哲，等．水生植物在园林中的应用现状初探［J］．林业调查规划，2005，30（5）：94-97.

[3] 柳骅．水生植物的净化作用及其在水体景观生态设计中的应用研究［D］．杭州：浙江大学，2003.

[4] 吴振斌，邱东茹，贺锋，等．沉水植物重建对富营养水体氮磷营养水平的影响［J］．应用生态学报，2003，14（8）：1351-1353.

[5] 司友斌，包军杰，曹德菊，等．香根草对富营养化水体净化效果研究［J］．应用生态学报，2003，14（2）：277-279.

[6] 尚士友，杜键民，李旭英，等．草型富营养化湖泊生态恢复工程技术的研究：内蒙古乌梁素海生态恢复工程试验研究［J］．生态学杂志，2003，22（6）：56-62.

[7] MEULEMAN A F M，BEEKMAN J H P，VEROEVEN J T A. Nutrient retenion and nutrienti-use efficiency in phragmites australis stands after wastewater application［J］.Wetlands，2002，22（4）：712-721.

[8] 刘建武，林逢凯，王郁，等．水生植物根系对多环芳烃（萘）吸附过程研究［J］．环境科学与技术，2003，26（2）：32-34.

[9] 夏会龙，吴良欢，陶勤南．凤眼莲植物修复水溶液中甲基对硫磷的效果与机理研究［J］．环境科学学报，2002，22（3）：329-332.

[10] 杨永兴，王世岩，何太蓉．江平原湿地生态系统P、K分布特征及季节动态研究［J］．应用生态学报，2001，12（4）：522-526.

[11] ASAEDA T，TRUNG V K，MANATUNGE J，et al. Modelling macrophyte-nurient-phytoplankton interactions in shallow eutrophic lakes

and the evaluation of environmental impacts [J]. Ecological Engineering, 2001, 16 (3): 341-357.

[12] 崔理华，朱夕珍，骆世明，等. 煤渣—草炭基质垂直流人工湿地系统对城市污水的净化效果 [J]. 应用生态学报，2003，14 (4): 597-600.

[13] 朱勇，张利，曾双贝. 昆明市水生观赏植物应用及评价 [J]. 江苏农业科学，2009 (5): 188-190.

[14] 史九玲，申曙光. 草本水生植物在园林中的应用 [J]. 河北林业科技，2009 (5): 77-79.

[15] 郑翀，王洪艳. 不同类型水生植物在人工湿地中的净化效果研究进展 [J]. 广东化工，2009，36 (7): 121-123.

[16] 万志刚，沈颂东，顾福根，等. 几种水生维管束植物对水中氮、磷吸收率的比较 [J]. 淡水渔业，2004，34 (5): 6-8.

[17] 黄蕾，翟建平，王传瑜，等. 4 种水生植物在冬季脱氮除磷效果的实验研究 [J]. 农业环境科学学报，2005，24 (2): 366-370.

[18] 岳海涛，田昆，张昆，等. 云南高原湖滨带 3 种挺水植物对水体 N 的净化能力及响应 [J]. 生态科学，2012，31 (2): 133-137.

[19] 刘宏哲，栾军. 浅谈太阳岛园林植物配置 [J]. 黑龙江科技信息，2013 (28): 269.

[20] 汪琴. 南昌市艾溪湖湿地 24 种水生园林植物叶碳氮磷含量特征 [J]. 环境与发展，2020，32 (12): 134，136.

[21] 孙莉. 水生植物在园林植物中的应用：以江苏农林职业技术学院为例 [J]. 现代园艺，2013 (20): 129.

[22] 宋文芳. 新乡市人民公园植物群落景观评价与人体舒适度分析 [D]. 新乡：河南科技学院，2021.

[23] 陈亮，熊丽，张嗣，等. 黄石市区园林植物资源调查及分析 [J]. 湖北师范学院学报（自然科学版），2015，35 (2): 1-5.

[24] 元颖，王娟. 水生植物在园林植物中的应用 [J]. 中国高新技术企业，

2010（10）：80-81.

［25］贺佳勇．试析风景园林建筑中的常用造景水生植物及其应用［J］．现代园艺，2017（23）：149-150.

［26］曹治国，窦宇威，李博，等．水生植物的水体净化作用与园林造景［J］．种子科技，2019，37（5）：107-109.

［27］索申文．水生花卉及其在园林造景中的运用［J］．科技创新与应用，2020（14）：165-166.

［28］田炜，沈晓强，林瑞峰，等．水生植物在湖泊富营养化生态修复中的应用［J］．地下水，2021，43（3）：91，107.

［29］刘甜甜．水生植物在屋顶花园中造景应用［J］．农业与技术，2021，41（9）：110-112.

［30］汤鹏．不同水生植物配置对微污染水体的净化效果及相关机理研究［D］．郑州：郑州大学，2021.

［31］张力，王丽君，陈亮，等．水生植物在水生态治理中的应用与设计［J］．环境保护与循环经济，2021，41（4）：44-49，70.

［32］李丹．试析水生植物的水体净化及景观应用［J］．现代园艺，2021，44（6）：139-140.

［33］郄亚微．成都市湿地公园水生植物调查及配置分析［J］．南方农业，2021，15（5）：65-67.

［34］杨红，潘曲波．南滇池国家湿地公园水生植物多样性研究［J］．西南林业大学学报（社会科学），2021，5（1）：41-47.

［35］尹雷．城市景观水体污染解析与水质控制研究：以昆明翠湖为例［D］．西安：西安建筑科技大学，2015.

［36］潘珉，郭艳英，韩亚平，等．昆明城市河流：盘龙江水生植被跟踪调查研究［J］．安徽农业科学，2012，40（22）：11395-11398，11422.

［37］中科院西双版纳热带植物园对世界广布性茨藻属水生植物的系统分类学研究取得进展［J］．生物学教学，2017，42（10）：77-78.

[38] 张振华，高岩，郭俊尧，等. 富营养化水体治理的实践与思考：以滇池水生植物生态修复实践为例[J]. 生态与农村环境学报，2014，30(1)：129-135.

[39] 聂司宇，孟昊，李婷婷，等. 水生植物对富营养化水体中氮磷去除的研究进展[J]. 环境保护与循环经济，2020，40(4)：47-51.

[40] 于菁，黄亚惠，万蕾. 水生植物对污废水净化作用研究进展[J]. 绿色科技，2020(2)：77-78，147.

第三章
昆明市抗逆性园林植物应用调查

导读： 随着社会生产力的不断增加、生产社会化的程度日益加深，城市环境污染情况也日益严重甚至已经严重影响到了人们的正常生活。在城市绿化时合理搭配抗逆性园林植物，不仅可以改善城市生态效果，提高城市绿化水平，还可以减缓或减少城市污染对人体健康的危害。为此，本研究调查了昆明市主要污染区抗逆性园林植物的应用情况，旨在为抗逆性园林植物的应用提供一定依据。

第一节 引 言

一、抗逆性园林植物的概念

什么是植物的抗逆性？植物受到胁迫后，一些被伤害致死，另一些的生理活动虽然受到不同程度的影响，但可以存活下来。如果长期生活在这种胁迫环境中，通过自然选择，有利性状会被保留下来并不断加强，不利性状会不断被淘汰。这样，在植物长期的进化和适应过程中，不同环境条件下生长的植物就会形成对某些环境因子的适应能力，即能采取不同的方式去抵抗各种胁迫因子。植物对各种胁迫（或称逆境）因子的抗御能力，称为抗逆性，简称抗性。

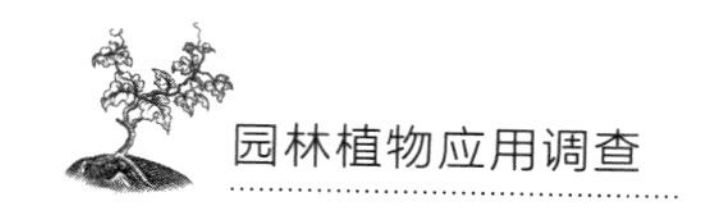

抗逆性园林植物是指对各种胁迫（或称逆境）因子有抗御能力且具有园林景观价值的植物。

二、抗逆性园林植物的类型

抗逆性园林植物主要分为抗水分逆境园林植物、抗温度逆境园林植物、抗氧逆境园林植物、抗病性园林植物。

1. 抗水分逆境园林植物

水分缺乏或水分过多都属于水分逆境。它们严重地干扰植物的正常生理功能。水分缺乏包括干旱逆境和盐逆境。干旱逆境通常是水分不足造成的。盐逆境则是指土壤盐分过多，导致土壤的水势下降，土壤中植物可利用的水分显著减少。昆明市气候干湿分明，冬无严寒，日照充足，晴多雨少，冬季每月晴天平均在 20 天左右，日照 230 小时左右，雨天 4 日左右，全季降水量仅占全年的 3% ~ 5%。因此，抗旱性园林植物的应用显得尤为重要。

（1）抗旱性园林植物

干旱是指环境中的水分少到不足以维持植物正常生命活动的状态。植物抵抗干旱的能力称为抗旱性。根据水分亏缺的原因，可将干旱胁迫分成 3 类：①大气干旱，即大气相对湿度低，加剧了蒸腾作用，使植物因失水量大于根系吸水量而缺水；②土壤干旱，即土壤中缺乏可被利用的水分，导致根系吸水困难，无法供应植物生长代谢所需水分；③生理干旱，即土壤温度过低或土壤中化肥、有毒物质的积累，导致植物根系不能从土壤中吸收水分。无论是何种类型的干旱胁迫都会导致植物无法得到足够维持正常生长代谢的水分，危及植物的生存。

植物对干旱的生理适应主要有气孔调节和渗透调节两种方式。①气孔调节是指植物适应缺水的环境，通过气孔的开关，控制蒸腾作用速率，以减少水分丧失而抵抗干旱。气孔调节的优点是反应快速灵敏，在短期内是可逆的。气孔调节的范围相当大，在环境条件变化时可由全天关闭到全天开放、由部

分关闭（或开放）到完全关闭。②渗透调节是指植物在水分胁迫下通过代谢活动提高细胞内溶质浓度、降低水势，提高细胞吸水或保水能力，因而使植物能进行正常的代谢活动和生长发育。

（2）抗涝性园林植物

水分不足固然对植物不利，但水分过多同样会伤害植物。土壤积水或土壤过湿对植物的伤害称为植物的涝害。在低洼、沼泽、暴雨、洪水的情况下，涝害也是破坏植物生长的重要灾害。植物对积水或土壤过湿的适应力与抵抗能力称为植物的抗涝性。

植物抗涝能力因各种内外因素而发生变化。不同种类的植物以及植物的不同生育期，作物的抗涝能力都不相同。植物涝害发生的主导因素是缺氧。地上部分向根系供应氧能力的大小是抗涝性不同的主要根源。

（3）抗盐性园林植物

土壤中盐分过多而危害植物正常生长的现象称为盐害。土壤盐分过多对植物的伤害可分为两类：原初盐害和次生盐害。

原初盐害又可分为直接原初盐害和间接原初盐害。直接原初盐害主要指盐胁迫对质膜的直接影响，如膜的组分、透性和离子运输等发生变化，使膜的结构和功能受到伤害。间接原初盐害是指质膜受到伤害后，进一步影响细胞的代谢，从而不同程度地破坏细胞的生理功能。

次生盐害是指不是由盐分本身的直接影响所产生的伤害，即外界盐分过多，使土壤水势降低，导致植物不能吸水，形成渗透胁迫，造成生理干旱，使植物遭受伤害。另外，植物在吸收矿物质元素的过程中，盐与各种营养元素相互竞争，从而阻止植物对一些矿质元素的吸收而造成营养亏缺也属于次生盐害。

植物对盐胁迫的避性主要有 3 种方式：①排盐，即植物生长在盐分很多的环境中并吸收大量的盐分，但并不将盐分积存在体内，而是通过茎、叶表面上的泌盐腺，将盐分排出体外，排出的主要是钠盐，如柽柳属和匙叶草属的植物；②拒盐，即植物生长在盐分较多的土壤中，同时能很好地拒绝吸收盐分，如长冰草、海蒿等；③稀释盐分，即植物采用快速生长和细胞内区域化作用的方式，将吸收到体内的盐分稀释到不发生毒害的水平，如盐角草和碱蓬。

2. 抗温度逆境园林植物

温度逆境对植物的伤害分为低温伤害和高温伤害（热害）。低温伤害又分为冷害和冻害。植物抵抗冷害、冻害和热害的性质分别称为抗冷性、抗冻性和抗热性。

（1）抗冷性园林植物

冷害是指 0 ℃以上的低温使植物遭到的伤害，主要是那些起源于热带的植物在较低的温度下会受到伤害。冷害会使植物的各项活动减缓或停止。寒冷对植物的伤害可分为 3 种类型：直接伤害、间接伤害和次级胁迫伤害。昆明市园林植物中常见的绿萝、虎皮兰、茉莉、三角梅等都为非抗冷性园林植物。

（2）抗冻性园林植物

冻害是指冰点以下的低温胁迫对植物的伤害。冻害与冷害相比更具有普遍性。因为冷害主要发生在冷敏感植物上，而冻害则可发生在所有植物上，并且凡是有季节性变化的地区，甚至亚热带也可能出现冻害。昆明市霜冻虽不严重，时间也较短，但此时生长的植物有许多是不耐寒的，特别是冷敏感植物会受到严重的伤害。冻害对植物的影响主要是结冰引起的。由于冷却的速率和结冰的方式不同，结冰伤害分为细胞外结冰伤害和细胞内结冰伤害 2 种。昆明市园林植物中常见的小叶榕、董棕、天竺桂等都为非抗冻性园林植物。

（3）抗热性园林植物

植物受高温伤害后会出现各种热害症状，例如：树干（特别是向阳部分）干燥、裂开；叶片出现死斑，叶色变褐、变黄；鲜果（如葡萄、番茄等）烧伤，之后受伤处与健康处之间形成木栓，有时甚至整个果实死亡；出现雄性不育或子房脱落等异常现象。高温对植物的伤害是复杂的、多方面的，可以分为直接伤害和间接伤害 2 个方面：①间接伤害是指高温导致的代谢异常，渐渐使植物受害，其过程是缓慢的，高温持续时间越长或温度越高，伤害程度

越严重；②直接伤害是指高温直接影响细胞质的结构，植物在历经短期（几秒到半小时）高温后，当时或事后就迅速呈现热害症状。高温对植物的直接伤害主要有蛋白质变性和脂类液化两个方面。而植物的抗热性分为避热性和耐热性两种。植物避热主要是通过减少吸收辐射和蒸腾的冷却作用2种方式来完成的。

3. 抗氧逆境园林植物

大气中氧的积累为需氧生物的进化提供了条件。与无氧呼吸相比，有氧呼吸能产生更多的能量。缺氧和氧过多都会对植物产生伤害。缺氧会抑制某些有益的需氧微生物的活动，导致土壤的酸性增高，有毒物质积累，使植物根系受到毒害。而在高于空气氧气浓度的情况下，完整的植物、离体的器官和组织甚至培养的细胞都会发生不同程度的伤害。植物通过多种过氧化物酶分别使氧气、过氧化氢等转化为活性较低的物质，降低或消除活性氧对膜脂的攻击能力，使膜脂不致发生过氧化作用而得到保护。

4. 抗病性园林植物

广义的植物病害是指植物受不良环境条件的影响或病原物的侵害，代谢作用受到干扰和破坏，在生理上和组织结构上产生一系列病理变化，在外部或内部形态上表现出病态，因而不能正常生长发育，甚至局部或整株死亡，并对农业生产造成损失或破坏自然生态平衡。广义的植物病害应当包括两大类：①非传染性病害，由不适宜的环境因素如养分缺乏、土壤盐分过多等引起；②传染性病害，由病原生物如真菌、细菌、病毒和线虫等引起，其中真菌病害最多。植物病害先是在受害部位发生一些生理生化变化，随后发展到外部可见的病变，形成病害的症状。变色、坏死、腐烂、萎蔫和畸形都是常见的病害的症状。

植物对病原生物侵染的抵抗能力称为植物的抗病性。植物是否患病取决于植物与病原微生物之间的斗争情况——植物取胜则不发病，植物失败则发病。病原感染植物后，植物可通过加强氧化酶活性、促进组织坏死、产生抑制物质3种方式提高自身对病原微生物的抵抗能力，加强自身抗病性。

三、本次调查抗逆性园林植物分类

本调查对抗逆性植物的界定和分类参照陈润政等编著的《植物生理学》中对抗性植物的定义以及所列举的不同类型植物的特点。例如泡桐、梧桐、大叶黄杨、女贞、垂柳等这些植物对有毒气体有较强的吸收功能，称为抗污染性园林植物；杨树、柳树、柏树、构树、枫香、臭椿、火棘、合欢这些植物可以在土壤水分少、空气干燥的条件下长势良好，具有极强的耐旱能力，称为抗旱性园林植物。

四、园林植物抗逆性原理

植物的抗逆性主要包括两个方面：避逆性和耐逆性。

避逆性指在环境胁迫和它们所要作用的活体之间在时间或空间上设置某种障碍，从而完全或部分避开不良环境的胁迫作用，如夏季生长的植物不会遇到结冰的天气，沙漠中的植物只在雨季生长等。

耐逆性指活体承受了全部或部分不良环境胁迫的作用，但没有或只引起相对较小的伤害。耐逆性又包含避胁变性和耐胁变性。前者是指减少单位胁迫所造成的胁变，分散胁迫的作用，如蛋白质合成加强、蛋白质分子间的键结合力加强和保护性物质增多等，使植物对逆境下的敏感性减弱。后者是指忍受和恢复胁变的能力和途径，它又可分为胁变可逆性和胁变修复性。胁变可逆性指逆境作用于植物体后植物产生一系列生理变化，当环境胁迫解除后各种生理功能迅速恢复正常。胁变修复性指植物在逆境下通过自身代谢过程迅速修复被破坏的结构和功能。

五、抗逆性园林植物的发展概况

植物体是一个开放的体系，在从外界环境不断摄取物质、能量以及热量的同时，也受到各种环境因子的影响。而自然环境不是恒定不变的，即使同一地区，一年四季也有冷热旱涝之分。因此，园林植物的抗逆性对园林植物的正常生长以及环境的保护具有不可替代的作用。

随着我国西部大开发的推进，为积极响应国家关于保护生态环境、改变中西部地区贫穷落后状况的战略和政策，越来越多的农林科学家开始重视研究生态经济效益好，尤其是具有较强的抗旱性、抗涝性、抗盐性等特性的园林植物。

第二节　调查目的及意义

昆明市地处云贵高原中部，纬度低，海拔高，加之有高原湖泊——滇池，形成了夏无酷暑、冬无严寒、四季如春的宜人气候。昆明市全年温差较小，市区年平均气温在15℃左右，最热时月平均气温19℃，最冷时月平均气温7.6℃。由于温度、相对湿度适宜，日照长，霜期短，昆明市园林植物都以室外栽植为主，于是抗逆性园林植物的运用起到了举足轻重的作用。因此，对昆明市抗逆性园林植物开展调查，并做出合理的评价，有利于为昆明市的抗逆性园林植物的应用提供一定依据。

第三节　调查地点与调查方法

一、调查地点

考虑到昆明市是一个旅游城市，重工业偏少，按照城市绿地系统评价要求，选择了昆明市污染比较严重的工矿区（卷烟厂、醋酸纤维厂）以及废气排放比较多的城市道路（三环路）作为本次的调查地点。

1. 工矿区（昆明市卷烟厂和醋酸纤维厂）

绝大多数城市都有工厂存在，昆明市也不例外。有的工厂在生产产品的同时也制造了各种的污染，也就是经常所说的工业三废——废水、废气、废渣。可以说工厂生态环境的好坏直接影响整个城市的生态环境。

昆明市卷烟厂和醋酸纤维厂在带动昆明市经济发展的同时，也产生了大量的粉尘、噪声、固体废弃物等多种污染。因此相对于公园、街道小游园以及住宅区来说，昆明市卷烟厂和醋酸纤维厂厂房周围植物生长环境更加恶劣，长势普遍不好，病虫害频发的现象更加严重。对此地抗逆性植物的研究具有代表性的作用。

2. 城市道路（三环路）

随着经济的不断发展和交通基础设施建设的大力投入，道路建设也在不断飞速发展。道路作为畅、洁、绿、美的绿色生态景观大通道，其绿化是必不可少的。道路是人们户外生活的重要的场所，也是人们在户外滞留时间较多的空间，道路绿化的好坏直接影响人们的生活水平和生活质量。

道路建设的不断发展，也给沿道路两旁和分车道的绿化带来一系列问题。例如：因施工筑路的需要，两侧出现了大面积的岩石、沙土裸露区，以至于土壤贫瘠、坚实度增高；冬季寒冷、夏季高温的气候和四周无任何遮挡的处境，对植物的维护带来一定难度，绿化植物的成活率低，长势普遍不好；在狭窄的分车带中，由于路牙和两侧车道的阻隔，多数植物的根系呈同车道相平行的方向伸展，造成车道下垫层处树木根系大量死亡。此外，车辆排放的大量二氧化碳、一氧化碳及多种氧化氮、碳化氢等有害气体以及随车辆高速行驶扬起的灰尘，对城市环境的破坏也是不可估量的。

昆明市的三环路全长 61.6 千米，与别的街道相比，车辆更多、污染更严重。研究三环路抗逆植物配置情况具有代表性意义。

二、调查方法

资料查阅：通过查阅和梳理抗逆性植物相关文献资料，了解抗逆性植物的概念、类型、应用等。

样地选取：根据文献查阅和前期调研结果，按照城市公共绿地系统类型和调查目的针对性拟定和筛选调查样地。

实地调查：对昆明市卷烟厂和醋酸纤维厂以及三环路中的抗逆性植物应用情况进行实地调查，并对具体情况进行记录。

调查结果整理：结合查阅的各种资料，对实地调查结果进行整理归纳。

分析与总结：对调查结果进行分析与总结，并提出合理的建议。

第四节　调查结果及分析

一、工矿区抗逆性园林植物应用调查及分析

1. 工矿区抗逆性园林植物应用现状

（1）卷烟厂抗逆性园林植物应用现状

表 3-1 为昆明市卷烟厂抗逆性园林植物调查结果。卷烟厂中抗逆性园林植物共有 31 种，隶属于 26 个科，超过一半的植物为抗污染园林植物，部分为抗旱、抗涝、抗寒和抗热性园林植物。因此，卷烟厂中的植物是根据卷烟厂的自然条件、生产性质等因素的不同，以因地制宜为原则进行配置的。从园林景观角度分析，卷烟厂在建筑和道路附近以规划式的植物配置为主，表现出一种整体大气之美；在周边轮廓不规则、面积又较大的地方采用自然式的植物配置，这为烟厂周围的环境塑造一种自然之美。这两种植物的配置方式相辅相成，使绿地规划和建设主体相协调，丰富了卷烟厂的园林景观。

表 3-1　昆明市卷烟厂主要应用的植物

中文名	拉丁名	科	属	抗逆性
樟树	*Cinnamomum camphora*	樟科	樟属	抗湿性、抗污染性
球花石楠	*Photinia glomerata*	蔷薇科	球花石楠属	抗旱性、抗污染性
糖槭	*Acer saccharum*	无患子科	槭属	抗旱性
黄槐	*Senna surattensis*	苏木科	决明属	抗寒性、抗旱性、抗污染性
栾树	*Koelreuteria paniculata*	无患子科	栾属	抗污染性
雪松	*Cedrus deodara*	松科	雪松属	抗寒性、抗旱性
紫玉兰	*Yulania liliflora*	木兰科	玉兰属	抗污染性
垂丝海棠	*Malus halliana*	蔷薇科	苹果属	抗污染性
小叶榕	*Ficus concinna*	桑科	榕属	抗热性、抗涝性、抗污染性
桂花	*Osmanthus fragrans*	木樨科	木樨属	抗污染性
樱花	*Prunus serrulata*	蔷薇科	李属	抗寒性
垂柳	*Salix babylonica*	杨柳科	柳属	抗涝性、抗污染性
大叶黄杨	*Buxus megistophylla*	黄杨科	黄杨属	抗热性、抗污染性
叶子花	*Bougainvillea spectabilis*	紫茉莉科	叶子花属	抗旱性
风车草	*Cyperus alternifolius*	莎草科	莎草属	抗涝性
八角金盘	*Fatsia japonica*	五加科	八角金盘属	抗寒性
苏铁	*Cycas revoluta*	苏铁科	苏铁属	抗旱性
山茶	*Camellia japonica*	山茶科	山茶属	抗污染性
黄金榕	*Ficus microcarpa* 'Golden Leaves'	桑科	榕属	抗涝性、抗污染性
南洋杉	*Araucaria cunninghamia*	南洋杉科	南洋杉属	抗热性
侧柏	*Platycladus orientalis*	柏科	侧柏属	抗旱性、抗污染性
杜鹃	*Rhododendron simsii*	杜鹃花科	杜鹃花属	抗旱性
海桐	*Pittosporum tobira*	海桐科	海桐属	抗热性、抗污染性
假连翘	*Duranta erecta*	马鞭草科	假连翘属	抗污染性
南天竹	*Nandina domestica*	小檗科	南天竹属	抗寒性
小叶女贞	*Ligustrum quihoui*	木樨科	女贞属	抗寒性、抗污染性
红花檵木	*Lorpetalum chinense* var. *rubrum*	金缕梅科	檵木属	抗旱性、抗寒性、抗污染性

续表

中文名	拉丁名	科	属	抗逆性
满天星	*Gypsophila elegans*	石竹科	丝石竹属	抗寒性
蔓长春花	*Vinca major*	夹竹桃科	蔓长春花属	抗寒性
银杏	*Ginkgo biloba*	银杏科	银杏属	抗旱性、抗寒性、抗污染性
龙柏	*Juniperus chinensis 'kaizuka'*	柏科	刺柏属	抗污染性

（2）醋酸纤维厂抗逆性园林植物应用现状

表 3–2 为昆明市醋酸纤维厂抗逆性园林植物调查结果。醋酸纤维厂厂房周围总共种植了 23 种植物，隶属于 22 个科。其中紫藤、红花檵木、小叶女贞、麻栎等 14 种植物有抗污染性；杜鹃、苏铁、紫叶李、雪松等 8 种植物有抗旱性；同时这 23 种绿化植物中有 10 种植物具有多功能的抗性。从景观角度分析，醋酸纤维厂绿化植物多以自然式的配置为主，植物多以乡土树种为主。根据不同植物的生长特点，醋酸纤维厂的厂前区中种植了不同时期开花的植物，使醋酸纤维厂中四季花开不断，同时随着植物四季的变化形成了不同的景观，为人们提供了一个放松的自然环境。但是醋酸纤维厂厂房周围应用的乔木、灌木、藤木以及草本植物种类很少，没有形成丰富的景观，同时对环境的改善作用也很小。

表 3–2 昆明市醋酸纤维厂主要应用的植物配置

中文名	拉丁名	科	属	抗逆性
紫藤	*Wisteria sinensis*	豆科	紫藤属	抗寒性、抗旱性、抗污染性
红花檵木	*Lorpetalum chinense* var. *rubrum*	金缕梅科	檵木属	抗旱性、抗寒性、抗污染性
假连翘	*Duranta erecta*	马鞭草科	假连翘属	抗污染性
小叶女贞	*Ligustrum quihoui*	木樨科	女贞属	抗寒性、抗污染性
杜鹃	*Rhododendron simsii*	杜鹃花科	杜鹃花属	抗旱性
苏铁	*Cycas revoluta*	苏铁科	苏铁属	抗旱性
麻栎	*Quercusacutissima*	壳斗科	栎属	抗涝性、抗污染性
樟树	*Cinnamomum camphora*	樟科	樟属	抗湿性、抗污染性

续表

中文名	拉丁名	科	属	抗逆性
紫薇	*Lagerstroemia indica*	千屈菜科	紫薇属	抗旱性、抗污染性
棕榈	*Trachycarpus fortunei*	棕榈科	棕榈属	抗污染性
圆柏	*Juniperus chinensis*	柏科	刺柏属	抗污染性
刺槐	*Robinia pseudoacacia*	豆科	刺槐属	抗寒性、抗旱性、抗污染性
南天竹	*Nandina domestica*	小檗科	南天竹属	抗寒性
芭蕉	*Musa basjoo*	芭蕉科	芭蕉属	抗热性
栾树	*Koelreuteria paniculata*	无患子科	栾属	抗污染性
金竹	*Phyllostachys sulphurea*	禾本科	刚竹属	抗寒性
紫叶李	*Prunus ceraifera* 'Atropurpurea'	蔷薇科	李属	抗旱性
南洋杉	*Araucaria cunninghamia*	南洋杉科	南洋杉属	抗寒性
樱花	*Prunus serrulata*	蔷薇科	李属	抗污染性
海桐	*Pittosporum tobira*	海桐科	海桐属	抗热性、抗污染性
雪松	*Cedrus deodara*	松科	雪松属	抗寒性、抗旱性
鹅掌柴	*Heptapleurum heptaphyllum*	五加科	鹅掌柴属	抗寒性、抗旱性、抗污染性
蔓长春花	*Vinca major*	夹竹桃科	蔓长春花属	抗寒性

2. 工矿区抗逆性园林植物应用存在的问题

昆明市卷烟厂和醋酸纤维厂的厂前区与生产区有一定的距离，污染状况很轻，在满足生态功能要求的同时植物配置丰富，乔、灌、草形成了多种层次，植物造景的形态优美、色泽鲜明，厂区前的景观向人们很好地展示了企业的形象。而厂房周围主要种植了樟树、小叶榕、圆柏、侧柏、海桐等抗污染性的植物，还有红花檵木、杜鹃等抗旱植物，以及小叶女贞、樱花等抗寒植物。不足的是，昆明市卷烟厂和醋酸纤维厂周围种植的植物中只有很少一部分植物具有抗热、抗盐的作用。

从景观配置角度可以看出，厂房周围的空地细长狭窄，用地分散，难以形成集中的植物景观。卷烟厂和醋酸纤维厂的厂房周围的植物种植都非常简单，大多以一种植物为主进行单一的规则式种植，而且多为低矮的灌木，且两棵树木之间的间距很大，有些厂房之间的空地仅进行草坪绿化，有的地方甚至没有地被植物，泥土裸露。这样不仅不利于景观的效果而且也降低了植物本身对外界的抵抗能力，同时也不符合工厂对植物的多功能绿化要求。总之，工矿区环境中绿化植物的配置相对简单，没有形成有效的功能生态系统，不仅不能充分发挥应有的生态效益，反而由于恶劣的生长环境，植物的总体长势不好、病虫害频发（图 3–1 至图 3–6）。

图 3–1　卷烟厂周围植物受病害状

图 3–2　卷烟厂周围植物受虫害状

图 3-3　卷烟厂周围植物受污染状

图 3-4　醋酸纤维厂周围植物受污染状（一）

图 3-5　醋酸纤维厂周围植物受污染状（二）

图 3-6　醋酸纤维厂周围规则式种植的紫叶李

3. 工矿区绿化方案改进

工厂往往由多个功能区组成，而且各个功能区对植物造景的目的和要求是不一样的，但工矿区绿化植物的选择首先应该考虑防护性和适用性。通过调查，总体来说两个厂区对具有净化空气、杀菌、减噪、吸收有害气体以及粉尘作用的树种选择上把握不到位。两个厂区应该更多应用抗逆性的植物，充分发挥其净化空气的作用。

工厂产生的废气中多含有二氧化硫、一氧化碳、硫化氢以及氮氧化物等有害气体。所以工矿区应该种植柳树、刺槐、银杏、小叶榕等对有害气体具有明显的吸收功能的绿化植物。工厂在消耗能源的同时也在释放热量，而合理绿化却可以起到改变小气候的作用。植物的蒸腾作用和滞留雨水形成的重力水下渗作用可降低土壤盐碱度。枯枝落叶可提高土壤有机质含量，促进土壤熟化，吸收土壤中有害物质，净化水源。如麻栎、槐树、夹竹桃、银杏等这些绿化植物在具有较强的滞尘作用的同时还可降噪。总体来说，工厂环境复杂，各方面的

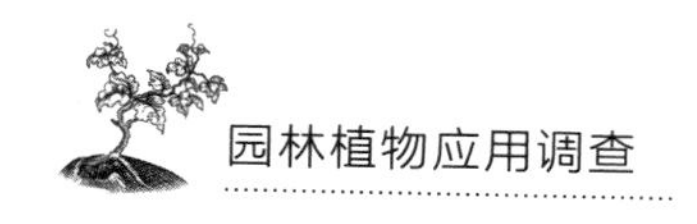

环境都相对恶劣，在进行树种选择时应该充分结合工厂环境现状，在重视乡土树种应用的同时，应选择抗逆性强的植物，以便适应工矿环境中各方面的恶劣环境，确保绿化植物的正常生长。

工厂生产区污染最严重，对植物防治污染的功能要求较高。一般根据生产区污染程度选择植物进行绿化。通常按照污染的程度把工厂区分为三个等级：严重污染区、中等污染区和轻度污染区。严重污染区对植物生长有严重影响。为满足植物的正常生长，通常选用泡桐、圆柏、法桐、榆树、构树、石榴、大叶黄杨等抗性强的园林植物作为骨干树种。在一些受到空间限制的地带可选用女贞、剑麻、夹竹桃等花灌木，草花以美人蕉、凤仙花等为主。适合在中等污染区生长的植物明显增多，且一般的植物都能够在轻度污染区正常生长，而无明显受害现象。所以在中度污染区和轻度污染区中植物选择主要考虑植物对污染的忍受力以及对污染的防治。生产区的绿地是沿道路两侧、厂房墙根呈带状分布的，在造景上有些类似道路绿化，但是为了使污染物尽快扩散，生产车间附近不宜种植过密的树林，而应以地被和灌木为主，便于厂房内通气、采光。

同时，工厂与休息区、居住区之间应种植防护林，这样可以控制和防治某种区域性自然或人为灾害，同时也可以改善和提高某种区域性环境质量。设置不同的防护林应选择不同的树种以防风、防火以及减少有害气体，达到净化空气的作用。在卷烟厂和醋酸纤维厂的生产过程中会产生二氧化硅、一氧化碳以及粉尘等有害性的物质。因此，在卷烟厂和醋酸纤维厂的生产区周围种植的防护林应该选择多功能的树种，如女贞、樱花、大叶黄杨、石榴（吸收有毒物质），榆树、朴树、广玉兰、木槿（阻挡烟尘），龙柏、梧桐、垂柳、云杉、海桐（降噪），以及苏铁、银杏、棕榈、榕树（防火）等。这些树种在防风、防火、降噪的同时，也能抗污染以及吸收有毒物质。

二、城市道路抗逆性园林植物应用调查及分析

1. 三环路抗逆性园林植物应用现状及存在的问题

表3–3为三环路主要抗逆性园林植物。三环路主要抗逆性园林植物有9种，隶属于9个科，其中8种植物具有抗污染性的作用。进一步分析抗污染的园林植物可以发现，龙柏、小叶榕、枸骨、大叶黄杨等绿化植物对氟化物、氯气都有较强的吸收能力，且有防风、防尘的效果，几种植物的配置虽然简单，但却起到了一定的防护效果。但是三环路也存在一小部分植物枯萎、病死等现象（图3–7和图3–8）。从园林景观角度分析，昆明市三环路上植物配置非常简单，多采用大色块的配置，简洁、大方，避免了繁杂的特点。但是，简单的布置也容易让人产生单调、千篇一律的感觉。三环路的植物种植形式格式化，点、线、面绿化没有做到有效结合。同一区段内的隔带、服务区、路边坡等的绿化缺乏整体性，过多地运用了规则式列植方法（图3–9），缺少自然性和生动性，与两旁的自然景观不够和谐。

表3–3　三环路上主要应用的抗逆性园林植物

中文名	拉丁名	科	属	抗逆性
红花檵木	*Lorpetalum chinense* var. *rubrum*	金缕梅科	檵木属	抗旱性、抗寒性、抗污染性
假连翘	*Duranta erecta*	马鞭草科	假连翘属	抗污染性
龙柏	*Juniperus chinensis ‘kaizuka’*	柏科	刺柏属	抗污染性
枸骨	*Ilex cornuta*	冬青科	冬青属	抗旱性、抗污染性
小叶榕	*Ficus concinna*	桑科	榕属	抗热性、抗涝性、抗污染性
樟树	*Cinnamomum camphora*	樟科	樟属	抗涝性、抗污染性
杜英	*Elaeocarpus sylvestris*	杜英科	杜英属	抗污染性
杜鹃	*Rhododendron simsii*	杜鹃花科	杜鹃花属	抗旱性
大叶黄杨	*Buxus megistophylla*	黄杨科	黄杨属	抗热性、抗污染性

图 3–7　三环路上受污染的植物

图 3–8　三环路上枯死的植物

图 3–9　三环路规则式植物配置

2. 三环路绿化方案改进

考虑到昆明市天气干燥、土壤水分少的特点，在三环路的绿化中应更多种植一些具有耐旱能力的树种。同时，应该丰富植物的类型，选择对尾气有较强抗性的树种，如玉兰、小叶女贞、柏树等，这样不仅可以增强植物净化空气的效果，而且还可以进一步丰富道路景观。

三、不同调查地点抗逆性园林植物应用综合评价

昆明市卷烟厂和醋酸纤维厂主要污染是烟尘和粉尘类的环境污染。由调查可知，昆明市卷烟厂厂房周围种植的园林植物中抗污染性植物占61%，醋酸纤维厂厂房周围种植的园林植物中抗污染性植物占61%，三环路周围种植的园林植物中抗污染性植物占89%。进一步分析发现，昆明市卷烟厂和醋酸纤维厂中都种植了樟树、栾树、海桐、假连翘、小叶女贞5种抗污染性强的植物，且3个调查地点的植物在配置时都以规则式为主。配置简单加之植物生长环境的恶劣，以及后期管理的不当，使这些植物病虫害频发，抗逆性效果不是很好。

通过对昆明市卷烟厂、醋酸纤维厂及三环路周围的抗逆性园林植物种类进行比较可知，总的来说，种植的抗逆性园林植物种类不多。从园林美观方面分析，昆明市卷烟厂种植的抗逆性园林植物种类比其他两个调查地点多，更加丰富，且形成了一个统一的整体。从生态功能方面分析，虽然昆明市卷烟厂、醋酸纤维厂中主要种植了抗污染性园林植物，但总体来说比例也不高，同时缺少其他的抗逆性园林植物，对于工矿区复杂的污染环境类型而言，这样的植物配置起到的改善环境的作用比较小。而三环路中种植的抗逆性园林植物基本满足了高速公路抗污染的要求，相对而言，三环路抗逆性园林植物的应用更加合理。

第五节　调查结论与建议

一、结论

通过对昆明市卷烟厂、醋酸纤维厂的厂房以及三环路上的抗逆性园林植物进行调查分析，可得出以下结论：

①昆明市卷烟厂、醋酸纤维厂的厂区周围以及三环路上种植的抗逆性园林

植物以抗污染性园林植物为主，其他类型的抗逆性园林植物较少。

② 3 个调查地点园林植物配置简单，没有形成很好的园林景观。

③ 3 个调查地点园林植物后期管理不到位，使所用植物病虫害频发，严重者甚至枯萎、病死等。

二、建议

建议根据调查点的实际情况和昆明的环境特点，适当增加抗逆性园林植物的种类和数量，并加强后期的园林植物养护，这样不仅可以使抗逆性园林植物起到更好的生态效果，同时还可以丰富园林植物景观效果。具体建议如下：

①根据昆明市气候干旱的特点，上述 3 个地点应增种一部分抗旱性园林植物。建议工矿区增加的抗旱性园林植物有黑松、杨树、柳树、柏树、构树、枫香、臭椿、火棘、合欢、紫藤、夹竹桃、木芙蓉等；同时可以适当增加一些抗污染性园林植物，如大叶黄杨、雀舌黄杨、山茶、女贞、小叶女贞、棕榈、刺槐、银杏、广玉兰、垂柳、合欢、丁香、小叶榕、桂花、罗汉松、紫薇、樟树、国槐、枇杷、皂荚、珊瑚树、垂柳、桑树、鹅掌楸、爬山虎等。

②城市道路周围存在的污染物主要为汽车尾气、粉尘类，因此建议进行道路绿化时适当增种抗污染性以及滞尘性强的园林植物，如小叶榕、楝树、悬铃木、银杏、樟树、桂花、广玉兰、国槐等乔木，以及山茶、海桐、大叶黄杨、栀子、杜鹃、丁香、十大功劳等灌木。

本章参考文献

[1] 陈润政，黄上志，宋松泉，等．植物生理学［M］．广州：中山大学出版社，1998.

[2] 耶兴元，仝胜利，马锋旺．抗逆锻炼与植物的抗逆性［J］．安徽农业科学，2005，15（2）：71-72.

[3] 齐宏飞，阳小成．植物抗逆性研究概述［J］．安徽农业科学，2008，36（32）：13943-13946.

[4] 何平，彭重华．城市绿地植物配置及其造景［M］. 北京：中国林业出版社，2001.

[5] 陈有民．园林树木学［M］．修订版．北京：中国林业出版社，2006.

[6] 谭伯禹．园林绿化树种选择［M］．北京：中国建筑工业出版社，1983.

[7] 王浩．城市道路绿地景观设计［M］．南京：东南大学出版社，1999.

[8] 克劳斯顿．风景园林植物配置［M］．陈自新，许慈安，译．北京：中国林业出版社，2004.

[9] 施晓晖，顾本文．昆明城市气候特征［J］. 云南省气候中心，2008，27(3)：38-41.

[10] 李勇．高速公路绿化探讨［J］．湖南交通科技，2008，34（4）：91-93.

[11] 王建强，姚永锋，王小雄．高速公路绿化研究［J］．西安公路交通大学学报，2001，21（4）：91-95.

[12] 林乐亭，邹晓林．工厂绿化中的植物选择［J］．内蒙古林业，1999（1）：27.

[13] 赵永斌．工厂绿化及树种选择［J］．安徽林业，1999（5）：29.

[14] 蒋学景．浅谈园林绿化在高速公路的应用［J］．科技资讯，2009（12）：135.

[15] 王红．厂区绿化规划浅议［J］．硅谷，2008（6）：72.

[16] 姚立新，朱锐，马雯彦，等．植物抗旱、抗寒性鉴定与生理生化机理研究进展［J］．安徽农业科学，2009，37（25）：11864-11866.

[17] 莫晓丽，黄亚辉．茶树主要逆境胁迫反应及其适应逆境的生理机制［J］．茶叶学报，2021，62（4）：185-190.

[18] 杨吉兰，徐胜，马长乐，等．高浓度臭氧胁迫两种园林观赏草的逆境生理特征比较［J］．生态学报，2021，41（19）：7763-7773.

[19] 姚丹丹，梁英辉，穆丹，等．香蒲属植物抗逆性研究进展［J］．中国野生植物资源，2020，39（8）：54-58.

[20] 王振南，朱娟，王鲁北，等．六种园林绿化植物对初冬低温胁迫的生理响应[J]．临沂大学学报，2019，41（6）：60-64.
[21] 朱雯雯．植物抗逆性的研究进展[J]．种子科技，2017，35（7）：133，135.
[22] 张晓敏．园林绿化植物沙棘的耐盐性研究及耐盐品种筛选[D]．沈阳：沈阳农业大学，2020.
[23] 郭晖，冯文君，朱红霞，等．土壤盐胁迫下4种园林植物的生理抗性[J]．江苏农业科学，2017，45（14）：115-118.
[24] 梁均明．逆境生物工程技术在园林植物上的应用[J]．中国园艺文摘，2013，29（4）：59-60.
[25] 王振南，朱娟，王鲁北，等．六种园林绿化植物对初冬低温胁迫的生理响应[J]．临沂大学学报，2019，41（6）：60-64.
[26] 陈炽争，叶土生，宋遇文．10个四季茶花新品种的观赏属性及抗逆性[J]．广东园林，2021，43（6）：68-73.
[27] 冯小璐，陈俊强，游捷，等．木槿引种适应性及抗逆性研究进展[J]．中国农学通报，2021，37（13）：63-68.
[28] 张彦秀．新优地被植物火炬花引种抗逆性研究[J]．绿色科技，2021，23（3）：85-86.
[29] 刘利峰．八棱海棠繁殖技术、抗逆生理及园林应用研究[J]．绿色科技，2021，23（5）：77-78，80.
[30] 刘慧春，朱开元，周江华，等．我国观赏海棠抗逆性研究进展[J]．浙江林业科技，2020，40（5）：84-88.
[31] 任倩倩，郑建鹏，张京伟，等．绣球属抗逆性研究进展[J]．安徽农业科学，2020，48（11）：26-28.
[32] 罗倩，董运常，严过房，等．植物生长调节剂在园林植物生产及抗逆性上的应用研究[J]．安徽农学通报，2017，23（16）：122-124，157.
[33] 彭凯悦，杨春勐，许喆，等．假俭草和结缕草在昆明地区的抗逆性及草

坪质量比较［J］. 草学，2018（6）：65-71.

［34］邓雅楠，严俊鑫，杨慧颖，等. 草本园林植物抗旱性研究进展［J］. 种子，2017，36（5）：51-54，57.

［35］马向丽，毕玉芬，车伟光，等. 云南野生和逸生苜蓿资源适生性分析［J］. 草地学报，2013，21（2）：265-271.

［36］何凌仙子，贾志清，刘涛，等. 植物适应逆境胁迫研究进展［J］. 世界林业研究，2018，31（2）：13-18.

第四章
昆明市垂直绿化类园林植物应用调查

导读： 随着城市建设的逐渐完善，人们对绿化面积的重视度越来越高，但城市土地资源紧张，难以满足平面绿化空间建设。在这一背景下，城市绿化建设逐渐重视垂直绿地空间的开拓。在垂直绿化新技术支持下高效扩展建筑立面绿地空间，有利于提高城市绿化水平，助力改善城市生态环境。为了解目前昆明市垂直绿化园林植物应用情况，按照绿地系统评价要求，本调查选了主城区学校、住宅区、公园、立交桥四类地区调查垂直绿化情况，并从垂直绿化应用形式、植物生长状况、景观效果和种植方式等方面进行了对比、分析和总结，以期为垂直绿化类园林植物的应用提供一定依据。

第一节　引　言

一、垂直绿化的概念

垂直绿化的概念最初是由俄文翻译过来的，现在一般常用英文名称为

“vertical planting”。在实际应用中，垂直绿化的概念有多种含义，它与攀缘绿化、立体绿化、屋顶绿化等多个概念之间的界线比较模糊。在不同的文献中也出现多种不同的定义。

垂直绿化狭义的含义是目前大多数学者或文献所认可的，即利用攀缘植物进行构筑物的立面或顶面绿化、美化。它又可以和“攀缘绿化”的概念通用。绿化的形式限定了植物的类型，也形象地反映出植物的习性和在空间中的伸展形式。

二、垂直绿化的作用和类型

1. 垂直绿化的材料选择

选择垂直绿化的材料，应考虑以下方面：

①功能要求：在绿化中，如果是用于降低建筑墙面及室内温度，应该选用生长快、枝叶茂盛的攀缘植物。

②立地条件：不同攀缘植物对环境条件要求不同，因此在进行垂直绿化时应考虑立地条件。

③绿化方式：如对于墙面绿化，可以选择有吸盘和吸附根的攀缘植物。

④美化要求：为了增加墙面的美化效果，可以在立交桥等位置种植炮仗花、牵牛花、茑萝等开花攀缘植物。

⑤环保要求：如常春藤能抗汞雾，地锦能抗二氧化硫、氟化氢等，因此，可根据环境中的污染情况合理选择植物。

2. 垂直绿化的应用形式

目前，实际应用的垂直绿化方式主要包括棚架式［图 4–1（a）］、凉廊式［图 4–1（b）］、篱垣式［图 4–1（c）］、附壁式［图 4–1（d）］和立柱式［图 4–1（e）］等。

3. 垂直绿化的类型

垂直绿化的类型主要有墙体绿化、立柱绿化、篱垣绿化、护坡绿化、棚架

（a）西南林业大学叶子花和常春油麻藤应用效果

（b）云南师范大学叶子花应用效果

（c）金色交响家园小区天门冬应用效果

（d）莲花池公园爬山虎应用效果

（e）小菜园立交桥叶子花应用效果

图 4-1 垂直绿化类园林植物的应用形式

绿化、屋顶绿化等形式。

4. 垂直绿化的作用

除具有一般园林植物的美化环境、净化空气的功能外，垂直绿化的另一个重要功能就是遮阴，以抑制建筑物粉刷层的风化和腐蚀，减少建筑物表面的温差裂缝，提高建筑物抗渗、降尘效果。

第二节　调查目的及意义

随着经济的高速发展，城市人口急剧增长，人多地少的状况越发突出，城市建筑物越来越密集拥挤，人居环境已成为人们关注的焦点。建筑的增加势必使平地绿化面积减少，因而充分利用垂直绿化类园林植物进行绿化是增加绿化面积、改善生态环境的重要途径。垂直绿化不仅能够弥补平地绿化之不足，丰富绿化层次，帮助恢复生态平衡，而且可以增加城市及建筑的美观效果，使之与环境更加协调统一。

近年来，有关绿化空间扩展的研究在世界各国许多城市，特别是在许多亚热带和热带地区的城市盛行。一是因为城市发展快、用地紧张、高层建筑增多，通过藤蔓植物的垂直绿化形式来扩展城市绿化空间成为重要选择；二是因为垂直绿化主要应用的攀缘植物有栽培占地小、体量轻、生长快、见效快的特点。

昆明市目前在争取创建国家生态园林城市，需要较高的绿化率。改善城市居住生态环境，需要“见缝插绿”。垂直绿化是提高昆明市绿化率的重要途径之一，因此研究昆明市的垂直绿化具有重要意义。

垂直绿化类园林植物天生缺乏自身的支撑骨架，换句话说，不像树木那样通过自身的树干和树冠来保持自身的挺拔，而总要依靠攀缘支架或底架，也往往比其他植物能够更快地向上生长和接触阳光。在昆明市的学校、公园或小区则往往通过凉亭、墙壁、凉棚、栅栏或棚架等人工攀缘支架给攀缘植物提供必要支撑。

本研究按照绿地系统评价要求，通过调查分析昆明市 4 类地区垂直绿化应用情况，了解昆明市垂直绿化的现状及存在的问题，为垂直绿化类园林植物的应用提供一定的依据。

第三节　调查地点与调查方法

一、调查地点

按照绿地系统分类以及垂直绿化园林植物的分布及生长要求，本次调查选取了四类地点：高校、住宅区、公园和立交桥。

综合考虑学校建校历史、学生规模、学校类型、学校位置，本次调查选取了 3 所高校：西南林业大学（白龙校区）、云南大学和云南师范大学。西南林业大学（白龙校区）建校时间最晚，是以理工科为主的综合性大学，位于二环和三环之间。云南大学（本部校区）建校时间最早，学生规模最大，是综合性大学，位于二环以内。云南师范大学（本部校区）建校时间和学生规模都介于云南大学和西南林业大学之间，是以文科为主的综合性大学，位于二环以内。

综合考虑小区建造时间、栋数、绿化率、容积率和所处位置，本次调查选取了 3 个小区：金色交响家园小区、湖畔之梦小区和万泰小区。金色交响家园建于 2007 年，共有 98 栋，绿化率为 44.0%，容积率为 1.6，位于昆明市北部三环以内。湖畔之梦小区建于 2004 年，共有 77 栋，绿化率为 54.0%，容积率为 1.1，位于昆明市南部市区滇池路与广福路交会处。万泰小区建于 2010 年，共有 20 栋，绿化率为 46.5%，容积率为 2.49，位于昆明市中部东风东路延长线与归十西路交汇处。

综合考虑公园建造或开放时间、面积、公园定位和所处位置，本次调查选取了 3 个公园：昙华寺公园、莲花池公园、月牙潭公园。昙华寺公园位于昆明

市东郊金马山麓，金汁河畔，是由昙华寺扩建而成的一座仿江南古典园林的公园，分为前园、中园、后园三部分，总面积 80 000 平方米，1981 年对外开放，是 3 个公园中开放最早的公园，是古典园林的代表。莲花池公园位于昆明市区北部，圆通山西北面、商山下，池侧有水口，水满时流入盘龙江，总占地面积约 54 467 平方米，绿化面积约 30 000 平方米，绿地乔木覆盖率达 90%，水体面积约 23 000 平方米。新建的莲花池公园 2008 年 9 月正式开园。该公园较注重历史文化内涵，是一座历史文化名园。月牙潭公园位于昆明北市区，公园占地约 160 000 平方米，绿化率达 70%，2006 年 10 月开园使用，是一座以自然风光为主体的现代园林景观公园。

综合考虑立交桥所处位置和市内交通流量，本次调查选择了 3 座立交桥：位于一环的、市内交通流量最大的小菜园立交桥，以及位于二环的、市内交通流量次之的石闸立交桥和大树营立交桥。

二、调查方法

资料查阅：通过查阅和梳理垂直绿化相关文献资料，了解垂直绿化的概念、类型、应用等。

样地选取：根据文献查阅和前期调研结果，按照城市公共绿地系统类型和调查目的针对性拟定和筛选调查样地。

实地调查：对昆明学校、住宅区、公园、立交桥的垂直绿化类园林植物的应用情况进行实地调查，并对具体情况进行记录。

调查结果整理：结合查阅的各种资料，对实地调查结果进行整理归纳。

分析与总结：对调查结果进行分析与总结，并提出合理的建议。

第四节　调查结果及分析

一、学校垂直绿化类园林植物应用调查及分析

3 所高校垂直绿化类园林植物调查结果如表 4–1 和图 4–2 所示。3 所高校共有垂直绿化类园林植物 5 种，隶属于 5 个科。进一步对 3 所高校垂直绿化类园林植物进行分析发现：叶子花、常春藤和爬山虎应用最多，在 3 所高校中都有应用；常春油麻藤其次，在 2 所高校中有应用；蔓长春花应用最少，仅在 1 所高校中应用。从应用方式方面分析，3 所高校垂直绿化类园林植物应用以篱垣式为主，其次为棚架式、附壁式和凉廊式，立柱式应用最少。

表 4–1　3 所高校校园垂直绿化类园林植物应用情况

地点	中文名	科	属	种植方式	生长状况
西南林业大学	常春油麻藤	豆科	油麻藤属	篱垣式和棚架式	优
	爬山虎	葡萄科	爬山虎属	附壁式	良
	叶子花	紫茉莉科	叶子花属	棚架式	优
	常春藤	五加科	常春藤属	篱垣式	良
云南大学	叶子花	紫茉莉科	叶子花属	凉廊式	优
	爬山虎	葡萄科	爬山虎属	附壁式	良
	常春藤	五加科	常春藤属	篱垣式	优
	常春油麻藤	豆科	油麻藤属	篱垣式	优
	蔓长春花	夹竹桃科	蔓长春花属	篱垣式	优
云南师范大学	叶子花	紫茉莉科	叶子花属	凉廊式	优
	爬山虎	葡萄科	爬山虎属	立柱式	良
	常春藤	五加科	常春藤属	篱垣式	良

从园林景观层面分析：云南大学垂直绿化类园林植物应用效果最好，垂直

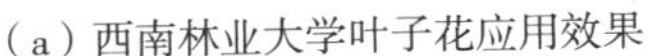

（a）西南林业大学叶子花应用效果

（b）云南大学校园内叶子花应用效果

（c）云南师范大学校园内叶子花应用效果

图 4-2　3 所高校校园内叶子花应用效果

绿化类园林植物种类选择恰当，同时养护管理较好，另外，校园内植物群落结构合理，植被种类丰富，为垂直绿化类园林植物营造了一种比较和谐的生长环境；西南林业大学垂直绿化类园林植物应用效果其次，校园垂直绿化多为附壁式和篱垣式，且植物均已生长多年，枯枝较多，枯枝败叶的长期存在影响了新生植物的生长，更影响了景观效果，另外，垂直绿化类园林植物在几处地方紧靠挡土墙，土层较薄，也影响了垂直绿化类园林植物水分、养分等的储备，从而影响了植物的正常生长；云南师范大学的垂直绿化类园林植物应用效果很一般，除了与西南林业大学有相同原因外，另一个比较重要的原因就是没有为垂

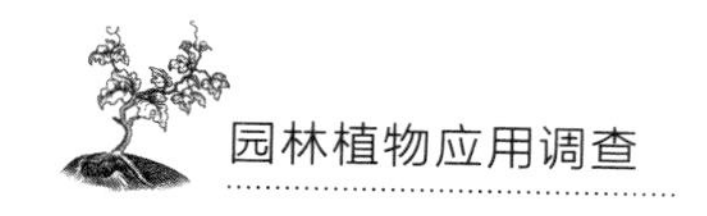

直绿化植物提供较好的生长引导（如搭棚架、钢网等措施），而且养护管理水平不到位，也严重影响了垂直绿化的景观效果。

二、住宅区垂直绿化类园林植物应用调查及分析

3个小区垂直绿化类园林植物调查结果如表4–2和图4–3所示。3个小区共有垂直绿化类园林植物14种，隶属于9个科。进一步对3个小区垂直绿化类园林植物进行分析发现：叶子花、常春油麻藤和络石应用最多，在3个小区中都有应用；葡萄在2个小区中应用；其余10种仅在1个小区中应用。从应用方式方面分析，3个小区垂直绿化类园林植物应用以篱垣式为主。

表4–2　3个小区垂直绿化类园林植物应用情况

地点	中文名	科	属	种植方式	生长状况
金色交响家园小区	葡萄	葡萄科	葡萄属	棚架式	优
	叶子花	紫茉莉科	叶子花属	篱垣式	优
	天门冬	天门冬科	天门冬属	篱垣式	优
	络石	夹竹桃科	络石属	篱垣式	良
	常春油麻藤	豆科	油麻藤属	篱垣式	良
	文竹	天门冬科	天门冬属	篱垣式	良
湖畔之梦小区	爬山虎	葡萄科	爬山虎属	附壁式	优
	叶子花	紫茉莉科	叶子花属	篱垣式	优
	常春油麻藤	豆科	油麻藤属	凉廊式	优
	络石	夹竹桃科	络石属	篱垣式	优
	金边吊兰	百合科	吊兰属	篱垣式	优
	蔓长春花	夹竹桃科	蔓长春花属	篱垣式	优
	紫藤	豆科	紫藤属	立柱式	优
	牵牛花	旋花科	牵牛花属	棚架式	优
	葡萄	葡萄科	葡萄属	棚架式	优

续表

地点	中文名	科	属	种植方式	生长状况
万泰小区	叶子花	紫茉莉科	叶子花属	篱垣式	优
	络石	夹竹桃科	络石属	篱垣式	良
	常春油麻藤	豆科	油麻藤属	篱垣式	优
	常春藤	五加科	常春藤属	篱垣式	优
	凌霄	紫葳科	凌霄属	棚架式	良

（a）金色交响家园小区常春油麻藤应用效果

（b）湖畔之梦小区常春油麻藤应用效果

（c）万泰小区常春油麻藤应用效果

图 4–3　3 个小区常春油麻藤应用效果

湖畔之梦小区垂直绿化类园林植物应用最多，共有 9 种；金色交响家园小区其次，共有 6 种，万泰小区最次，仅有 5 种。从垂直绿化类园林植物景观效果和养护效果分析，各个小区垂直绿化都各具特色。总体分析，湖畔之梦小区垂直绿化类园林植物应用最多，且效果最好，很重要的一点是因为这些垂直绿化类园林植物能较好地适应其中的环境，肥水供应、养护管理水平比较好。万泰小区垂直绿化效果稍微逊色，主要是因为局部环境不能满足垂直绿化类园林植物的生长。金色交响家园小区内垂直绿化类园林植物应用较少，加之养护水平又稍差，故而相比之下该小区的垂直绿化整体效果稍差。

三、立交桥垂直绿化类园林植物应用调查及分析

3 座立交桥垂直绿化类园林植物调查结果如表 4–3 和图 4–4 所示。3 座立交桥共有垂直绿化类园林植物 6 种，隶属于 4 个科。进一步对 3 座立交桥垂直绿化类园林植物进行分析发现：爬山虎、常春油麻藤、三叶地锦和五叶地锦应用较多，在 2 座立交桥中都有应用；其余 2 种仅在 1 座立交桥中应用。从应用方式方面分析，3 座立交桥垂直绿化类园林植物应用都以立柱式为主。

表 4–3　3 座立交桥垂直绿化类园林植物应用情况

地点	中文名	科	属	种植方式	生长状况
小菜园立交桥	叶子花	紫茉莉科	叶子花属	立柱式	优
	常春油麻藤	豆科	油麻藤属	附壁式	良
	五叶地锦	葡萄科	爬山虎属	立柱式	良
	三叶地锦	葡萄科	爬山属	立柱式	良
石闸立交桥	爬山虎	葡萄科	爬山虎属	立柱式	差
	五叶地锦	葡萄科	爬山虎属	立柱式	中
	常春藤	五加科	常春藤属	立柱式	良
大树营立交桥	爬山虎	葡萄科	爬山虎属	立柱式	中
	常春油麻藤	豆科	油麻藤属	立柱式	良
	三叶地锦	葡萄科	爬山属	立柱式	良

（a）小菜园立交桥五叶地锦应用效果

（b）石闸立交桥五叶地锦应用效果

（c）大树营立交桥五叶地锦应用效果

图 4–4　3 座立交桥五叶地锦应用效果

从垂直绿化类园林植物景观效果和栽培养护效果分析，3 座立交桥中小菜园立交桥的垂直绿化效果稍好，大树营立交桥次之，石闸立交桥较差。从实地调查来看，昆明市内立交桥垂直绿化效果并不是很好，没有充分发挥出垂直绿化应有的效果。主要原因：一是立交桥下部光照条件较差，土层水源涵养能力差，所选用的园林植物耐阴性、抗旱能力较差；二是立交桥下车来车往，灰尘、尾气污染较严重，所选用的园林植物抗污染能力差。

四、公园垂直绿化类园林植物应用调查及分析

3个公园垂直绿化类园林植物调查结果如表4–4和图4–5所示。3个公园共有垂直绿化类园林植物8种，隶属于7个科。进一步对3个公园垂直绿化类园林植物进行分析发现：紫藤、常春油麻藤和五叶地锦应用最多，在2个公园中都有应用；其余5种仅在1个公园中应用。从应用方式方面分析，3个公园垂直绿化类园林植物应用以附壁式和篱垣式为主。

表4–4　3个公园垂直绿化类园林植物应用情况

地点	中文名	科	属	种植方式	生长状况
莲花池公园	常春藤	五加科	常春藤属	附壁式	优
	爬山虎	葡萄科	爬山虎属	附壁式	良
	五叶地锦	葡萄科	爬山虎属	篱垣式	优
月牙潭公园	常春油麻藤	豆科	油麻藤属	附壁式	良
	多头蔷薇	蔷薇科	蔷薇属	附壁式	良
	紫藤	豆科	紫藤属	立柱式	优
	蔓长春花	夹竹桃科	蔓长春花属	篱垣式	优
昙华寺公园	叶子花	紫茉莉科	叶子花属	篱垣式	优
	五叶地锦	葡萄科	爬山虎属	篱垣式	优
	紫藤	豆科	紫藤属	立柱式	优
	常春油麻藤	豆科	油麻藤属	篱垣式	良

从垂直绿化类园林植物景观效果和栽培养护效果分析，3个公园中昙华寺公园总体垂直绿化效果相对较好，莲花池公园次之，最后是月牙塘公园。昙华寺公园进门小院运用紫藤表示欢迎，使植物形象人格化，成为社会文化的载体。另外，公园栽培养护管理效果好，且植物搭配合理，将五叶地锦、常春藤和叶子花3种合栽，既满足了常春油麻藤喜阴的生态特性，又弥补了五叶地锦冬季落叶的不足。莲花池公园的垂直绿化类植物养护管理不如昙华寺公园精

（a）昙华寺公园内紫藤应用效果

（b）莲花池公园内常春藤应用效果

（c）月牙潭公园内常春油麻藤应用效果

图 4–5　3 个公园内垂直绿化类植物应用效果

细，因此植物景观效果稍差。月牙塘公园垂直绿化面积少，栽培养护管理粗放，土质硬化，种植在房屋墙角的常春油麻藤残枝败叶较多，因此整体效果在调查的 3 个公园中最差。

五、不同调查地点垂直绿化类园林植物种植模式和生态功能调查及分析

表 4–5 对所有调查地点的垂直绿化类园林植物的种植模式和种植地点进

行了统计。调查发现，不同类型的垂直绿化类园林植物种植模式和种植地点不同。其中，攀缘类园林植物多采用地栽和器皿栽的种植模式，种植地点多在棚架、绿篱、墙垣、花廊和天桥壁面等；悬垂类园林植物多采用吊盆或吊篮的种植模式，种植地点多在阳台和窗台等；匍匐类园林植物多采用地栽或与其他乔灌木结合混栽的种植模式，种植地点多在花坛、地被和草坪绿地等。

表 4-5　昆明市垂直绿化类园林植物种植模式

	攀缘类园林植物	悬垂类园林植物	匍匐类园林植物
种植模式	地栽、器皿栽（如花盆、花槽、花缸、木箱等盆钵）	吊盆或吊篮	单独地栽或与其他乔灌木结合混栽
种植地点	棚架、绿篱、墙垣、花廊、天桥壁面等	阳台、窗台	一般用于花坛、地被和草坪绿地

根据实地调查结果发现，昆明市应用最多的垂直绿化类园林植物有叶子花、五叶地锦、常春藤和常春油麻藤 4 种。为了能更充分地了解垂直绿化类园林植物在昆明城市垂直绿化空间中的作用和应用前景，以便为将来城市绿地空间规划、植物栽培等实际应用提供借鉴，本研究以 4 种昆明市应用最多的垂直绿化类园林植物为分析对象，对生态功能进行综合性评价（表 4-6）。

表 4-6　昆明市 4 种常用垂直绿化类园林植物生态功能分析

植物	降温增湿效应	碳氧平衡效应	杀菌效应	滞尘效应
五叶地锦	较强	较强	强	较强
常春油麻藤	较弱	较强	强	较强
叶子花	强	强	较强	强
常春藤	较弱	较强	较强	较强

按照降温增湿效应、碳氧平衡效应、杀菌效应和滞尘效应 4 个生态因子对 4 种垂直绿化类园林植物的生态功能进行综合评价发现，叶子花的综合生态功能最好，其在昆明市应用也最多，其次为五叶地锦，再次为常春油麻藤，最后

为常春藤。

昆明市素有“春城”美誉，环境条件适宜，被称为“植物王国”，故可用于垂直绿化的园林植物种类繁多，但从目前的调查结果来看，昆明市实际应用的垂直绿化类园林植物种类却不够丰富，缺乏垂直绿化的群体美。从所调查的几类绿地内可以发现，垂直绿化类园林植物的应用形式有栅栏护栏绿化、墙面绿化、花架花坛绿化、护坡堡坎绿化、屋顶屋面绿化、绿柱绿化、阳台绿化、假山石绿化等，但护坡堡坎绿化、阳台绿化及假山石绿化类型应用得很稀少，另外仅有叶子花、三叶地锦、常春藤、五叶地锦、常春油麻藤几种垂直绿化类植物应用普遍，并被广泛应用于各种绿化类型，其他种类的植物应用很少。

第五节　调查结论与建议

一、结论

总体来看，昆明市 4 类地区垂直绿化类园林植物景观效果一般，垂直绿化类园林植物种类较少。

根据表 4–1 至表 4–6，昆明市主城区的主要绿地范围内，应用的垂直绿化类园林植物有 10 多种，其中五加科、豆科、葡萄科、紫茉莉科等科的垂直绿化类园林植物种类应用得较多。

横向比较不同的绿地类型可以发现，住宅区垂直绿化类园林植物种类较多、景观效果较好、栽培养护效果较好，原因主要有 3 点：①选材适当，充分利用当地植物资源，选择适应本地生长的植物，适地适栽，形成地方特色；②配置合理，在垂直绿化类园林植物造景时，利用了植物本身的生物特性，将速生与慢生、常绿与落叶、阴生与阳生等不同种类植物进行搭配，延长了观赏期，创造了园林四季景观的特点；③注重垂直绿化的科学性和艺术性。由于管理不到位和生长环境差，垂直绿化类园林植物应用效果最差的是立交桥。几

类常用的垂直绿化类园林植物中，常春油麻藤、叶子花长势最好，景观效果较佳，综合评价比较高。

昆明市在近几年确实开展了垂直绿化的工作，但仅以少数立交桥、围栏等为载体进行垂直绿化，且垂直绿化应用的植物种类单调，绿化效果没有达到理想要求，主要原因在于没有采用适合昆明市实际的垂直绿化应用形式，整体水平仍停留在只要把植物种下去、让其处于自然生长的状态，同时对阳台、屋顶等载体基本没有进行绿化。部分居住区绿化不够细致，导致部分绿地生态功能欠佳，树种配置较为单一，绿化质量及植物配置水平尚需提高，在今后的绿化规划和旧城区改造中要特别加以重视。此外，垂直绿化类园林植物大多应用在条件有限的环境，由于缺乏管理养护，杂草丛生、生长不良的问题比较普遍，达到一定观赏水平的垂直绿化景观比较少。为有效扩展昆明市主城区绿化空间，恰当地选择植物种类尤其是乡土植物，营造具有昆明本地特色的绿化空间，提高绿化率，并充分发挥垂直绿化空间中藤蔓植物的良好生态效益，非常重要。

二、讨论与建议

1. 存在的主要问题

在实际调查中发现，昆明市主城区有小部分地段的垂直绿化类园林植物生长环境较差，存在土壤板结、缺水、缺肥、人为破坏较严重的状况，同时由于管理养护措施不到位，杂草丛生、生长不良的问题比较普遍，因而达到一定观赏水平的垂直绿化景观占较少。上述现象大都是规划后期的栽培养护管理不当所致。

为了改善城市生态环境，提高日趋减少的绿化覆盖面积，以垂直绿化类园林植物为主进行垂直绿化是城市发展的必然趋势。就昆明市主城区绿化而言，城区内垂直绿化现状还很薄弱，经调查发现，主要存在 5 个方面的问题：

①各区之间的垂直绿化类园林植物种类和数量差别比较大。在前期调研中发现，各种场所中，校园、住宅区、公园的垂直绿化类园林植物应用情况比较好，街道、工厂、办公区等垂直绿化类园林植物应用不足，立柱（立交）绿化被忽视。在前期走访过程中发现，8 座立交桥中仅有 3 个样点采用了垂直绿化。

②垂直绿化应用的植物种类不够丰富，某些植物种类使用频率偏高。

③不同类型绿地之间采用垂直绿化频率不一。在实地考察的 4 类绿地中，住宅区是应用垂直绿化最多的，其次是公园、学校，应用最少的是立交桥。

④垂直绿化类园林植物大多应用在条件有限的环境中，因为后期栽培养护管理力度不够，且缺乏有效的管理养护方式，杂草丛生、生长不良的问题比较普遍，因而达到一定观赏水平的垂直绿化景观比较少。

⑤垂直绿化类园林植物种植方式陈旧保守且类型少，大多以悬垂种植、攀爬种植、模纹种植、种植槽种植等传统种植方式为主，垂直绿化新技术在昆明未广泛应用。部分居住区绿化措施不够完善，导致部分绿地功能欠缺，树种配置较为单一，绿化质量及植物配置水平尚需提高。

总体来看，昆明垂直绿化效果从景观效果和生态效果两方面都需要提高。

2. 建议

根据实地调研结果及分析，针对垂直绿化类园林植物的应用提出以下建议：

①丰富垂直绿化类园林植物种类，加大引种、驯化等培育方式的力度。我国目前的绿化状况及水平尚处于初级阶段，垂直绿化有着极大的发展潜力。从植物学角度而言，可利用的垂直绿化类园林植物很多，但绿化管理部门能够直接应用的种类则相对较少，从而导致目前垂直绿化发展缓慢。我国目前常见的应用于垂直绿化的园林植物仅有 30 余种，尚不能满足目前的垂直绿化要求。因此应该进一步加大培育垂直绿化类园林植物种类的力度。

②将垂直绿化融入城市绿化系统。垂直绿化是城市绿地的一部分，因此要纳入城市绿地系统、城市规划的范畴之中。同时进行垂直绿化时可借鉴园林设计中的借景、障景的艺术处理手法，精心营造优美的景观效果，以丰富垂直

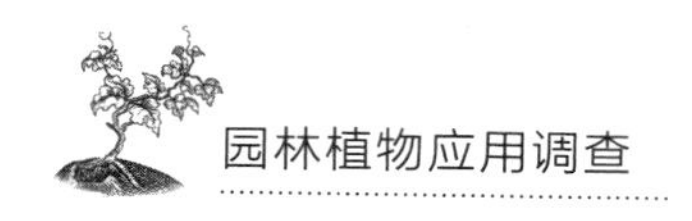

绿化的景观层次，达到与周边绿地的协调。所以在前期规划设计时就应考虑垂直绿化，如桥体本身、立交桥、阳台、铁栏杆以及墙体等可考虑设计安装种植墙等。

③加强对推行垂直绿化的引导。在社区内进行垂直绿化时，政府相关部门要加以引导，让社区居民认识到垂直绿化工作是城市绿化工作的重要组成部分。各级政府都要将垂直绿化工作纳入城市整个规划范畴和城市绿化系统。可通过创建“园林城市”“绿化模范城市”“绿色社区”“垂直绿化先进单位和示范家庭”等活动，深入开展垂直绿化工作，培育典型，推广经验，多途径促进垂直绿化的实施。各级各地园林绿化部门、高校及科研单位应加强垂直绿化的规划和建设引导工作，同时做好公共绿地中垂直绿化的系统规划，有目的、分层次地建设，并相应地向工厂、学校、医院等单位，特别是房地产开发商，积极宣传城市实施垂直绿化的意义，协同有关部门因地制宜地推行垂直绿化。

④因地制宜地开展垂直绿化。在垂直绿化的实际应用中，对垂直绿化类园林植物的规划、栽培、养护管理等，都应根据当地的环境条件和对栽培植物的生态功能的要求进行选择。如在人群活动多的区域，在生态功能方面要求以杀菌、降温增湿及碳氧平衡为主，故在此类型的绿地中建议应用光叶子花，也可结合常春油麻藤混种。

⑤科学配置垂直绿化的园林植物种类。所谓科学配植，就是指一定要适地适材：一要选择适合本地区的垂直绿化类园林植物品种，并考虑品种的生态适应性；二要注意不同垂直绿化类园林植物之间的合理搭配，如考虑到五叶地锦的生长势强但攀缘能力差，它可以与攀缘能力强但生长势相对较弱的三叶地锦混栽使用。

⑥加强养护管理。多数垂直绿化类园林植物生长迅速，当其枝条布满墙面或棚架等依附物时，不仅新生长的枝条极易下垂，造成植株的脱落，而且不良的通风透光会使植株易患病虫害，因此要及时修剪、牵引并加强病虫害的防治，以巩固垂直绿化的景观效果和生态效果。

本章参考文献

[1] 黄成林，周大跃，徐济中，等．木本攀缘植物在现代城市垂直绿化中的应用［J］．安徽农业大学学报，1995（1）：48-52.

[2] 赵世伟，张佐双．园林植物景观设计与营造［M］．北京：中国城市出版社，2001.

[3] 陈庆，蔡永立．藤本植物在城市垂直绿化中的选择与配置［J］．城市环境与城市生态，2006，19（5）：26-29.

[4] 何健聪，张太平，李跃林，等．我国城市垂直绿化现状与垂直绿化新技术［J］．城市环境与城市生态，2003，16（6）：289-291.

[5] 卡尔·路德维格．攀缘植物［M］．付天海，刘颖，译．沈阳：辽宁科学技术出版社，2004.

[6] 方彦，何国生．园林植物［M］．北京：高等教育出版社，2005.

[7] 周厚高．藤蔓植物景观［M］．贵阳：贵州科技出版社，2006.

[8] 裘平，刘利勤．浅谈城市垂直绿化［J］．江西园艺，2003（3）：31-33.

[9] 熊济华，唐岱．藤蔓花卉：攀缘匍匐垂吊观赏植物［M］．北京：中国林业出版社，2000.

[10] 曹妖进，沈巨生．新钢园林绿化对缓解热岛效应的作用［J］．中国林业，2004（21）：41.

[11] 杨佳颖，王志高，朱锦茹，等．冬季垂直栽培条件下三种常绿灌木生长和生理特性研究［J］．中国农机化学报，2021，42（12）：72-79，86.

[12] 徐中民，陈磊，葛伦发．北方地区立体绿化的植物选择应用及发展状况［J］．吉林农业，2012（3）：177.

[13] 王雪，任吉君，梁朝信．城市垂直绿化现状及发展对策［J］．北方园艺，2006（6）：104-105.

[14] 夏汉平，蔡锡安，彭彩霞．5 种爬藤植物垂直绿化的效果比较［J］．草

业学报，2007（3）：93-100.

［15］宁博，于航，何旸，等．南方地区垂直绿化对办公建筑能耗的影响研究［J］．建筑热能通风空调，2016，35（12）：33-36，28.

［16］杨雪．广州地区10种用于垂直绿化的植物绿化效果比较及种植基质筛选［J］．广东园林，2015，37（5）：36-40.

［17］陈炎森，陈细凤，郭丹韵，等．垂直绿化墙景观综合评价分析：以广州、深圳12个样本为例［J］．湖南农业科学，2021（10）：58-63.

［18］韩梁衍．三角梅在海口市人行天桥垂直绿化中的调查及应用研究［J］．热带林业，2021，49（3）：57-60.

［19］阮世开．浅谈垂直绿化中的色彩搭配［J］．安徽农学通报，2021，27（11）：71-72，145.

［20］孟令哲．概述垂直绿化在民用建筑中的应用［J］．广西城镇建设，2020（11）：85-87.

［21］刘磊．园林垂直绿化苗木品种的选择及栽培养护措施［J］．乡村科技，2020（17）：68-69.

［22］俞苏玲，赵明桥．垂直绿化新技术在当代城市绿地空间中的应用［J］．中外建筑，2020（3）：71-72.

［23］王远喆．城市垂直绿化的功能和影响以及我国发展现状［J］．价值工程，2020，39（4）：59-60.

［24］陶祥，李涵，柯燚，等．昆明地区垂直绿化植物品种筛选及肥水试验初探［J］．山西农业科学，2019，47（8）：1390-1394.

［25］李翰书，宋良红，杨志恒．垂直绿化在城市园林绿化中的应用分析［J］．园艺与种苗，2019（11）：15-17.

［26］江婷，王清飞，邓新禹，等．昆明市官渡区居住区垂直绿化调查分析［J］．中国园艺文摘，2013，29（11）：62-64.

［27］程蕊，胡雨晨，胡熳婷．垂直绿化在民用建筑中的应用［J］．山西建筑，2019，45（19）：139-141.

[28] 江婷，王清飞，邓新禹，等．昆明市官渡区居住区垂直绿化调查分析 [J]．中国园艺文摘，2013，29（11）：62-64.
[29] 沈琪萍，骆雁．城市园林建设中垂直绿化发展现状和对策 [J]. 绿色科技，2020（3）：49-50.
[30] 佘源杰，庄雪影．深圳垂直绿化的配置方式和应用 [J]．广东园林，2010，32（5）：40-43.

第五章
昆明市室内园林植物应用调查

导读： 随着室内设计理念的不断发展，面对人们更高的室内自然景观需求，室内设计工作中经常采用植物景观进行装饰以实现都市生活与自然景观的有机结合。室内植物景观种类繁多，各种不同类型的景观植物在不同位置以不同的形式呈现都会给人以不同的景观感受。除了给人以美的感受外，植物景观还能够有效改善室内空气质量，创造更舒适、健康的生活环境。按照室内园林植物的分布，本研究选择政务办公区、酒店、银行营业厅、商业办公区和住宅区 5 类调查地点，对室内园林植物的应用情况进行综合评价，并对存在的问题提出建议，以期为室内园林植物的应用提供一定指导。

第一节　引　言

一、室内园林植物的概念

室内园林植物是指能适应室内环境条件，在室内光线不强的条件下生长，可较长期栽植或陈设于室内的植物。这类植物的主要作用是改善室内环境，美化和组织室内空间。

二、室内园林植物的类型

室内园林植物一般根据观赏部位分为观叶植物、观花植物、观果植物和其他用途植物。

1. 观叶类室内园林植物

观叶类室内园林植物是指以叶片的形状、色泽和质地为主要观赏对象，具有较强的耐阴性，适宜在室内条件下较长时间陈设和观赏的植物。

观叶类室内园林植物除具有美化家居的观赏功能，还可以吸收二氧化硫等有害气体，起到净化室内空气、营造良好生活环境的作用。观叶类室内园林植物几乎能周年观赏，深受人们的喜爱，在家庭、宾馆、办公室和餐厅等场所，都能见到它们的身影。常见的观叶类室内园林植物有变叶木、绿萝、八角金盘、龟背竹、发财树、金边虎尾兰等。

2. 观花类室内园林植物

观花类室内园林植物种类繁多，清香四溢，备受人们青睐。但与观叶类园林植物相比，观花类室内园林植物要求较为充足的光照且昼夜温差宜大，才能使植物储备养分以促进花芽发育，因此室内观花类园林植物的布局受到一定限制。

木本的观花类园林植物大多喜光，长期置于居室内对植物生长不利。草本的观花类园林植物大多为一年生或二年生植物，需要年年更换，为时令消耗品。由于大多数观花类园林植物只在开花期间观赏性好，花后要移至室外培育，所以相对于观叶类园林植物，用途和用量受到一定限制。观花类园林植物的选择首先要考虑开花季节和花期长短。鉴于花期有限，应优先选择花叶并茂的植物；在无花时，可以让具有较高观赏价值的叶给予观赏补偿。常见的观花类室内园林植物有蝴蝶兰、红掌、白掌等。

3. 观果类室内园林植物

与观花类园林植物相似，观果类园林植物要求充足的光照和水分，否则会影响果实的大小和色彩。作为观赏的果实应具有美观、奇特的外形或鲜艳的色彩，通常在果实发育过程中要有从绿色到成熟色的变化，如金橘、虎头柑等。

4. 其他用途室内园林植物

室内还可以应用一些藤蔓类园林植物作为垂直绿化植物。其多作为背景，常用柱、架、棚等使藤蔓类植物攀缘其上。该类植物可塑性大，因此更加适宜人工造型，可形成独特的观赏形态。常用吊盆栽植的有白蝴蝶、绿萝等。

三、室内园林植物的应用价值

1. 美化环境

室内绿化比一般的室内装饰品更加富有生气和活力。室内园林植物通过不同的组合与室内环境有机结合，从形态、质感、色彩和空间上产生美化效果。室内的盆栽、插花、盆景等既美化了居室环境，又提高了居室的品味，使居室生机盎然，充满情趣。

2. 净化空气

室内园林植物在调节室内温度、相对湿度以及净化室内环境方面具有不可忽视的作用。绿色植物通过光合作用，吸收空气中的二氧化碳，释放出氧气，使污浊的空气重新转变为新鲜空气。植物的代谢过程中，可以吸收空气中的有毒有害物质，如二氧化硫、氟化氢等有毒气体，还具有杀菌、吸尘、改善环境的作用。特别是刚刚装修好的房屋中，常含有大量有毒物质如醛类、苯类。一些室内园林植物如吊兰、虎尾兰、菊花、芦荟等，可以吸收、降低这些有毒物质在居室中的含量。研究表明：普通室内园林植物可以吸收室内空中 70% 的污染物；居室中摆放一盆吊兰，24 小时内可以将室内的一氧化碳、二氧化碳、氮氧化物等有毒气体吸收干净。

3. 特殊作用

仙人掌类植物具有特殊的生物学特性。因原产地十分干旱，很难获得水分，因此仙人掌类植物的代谢也与一般的植物不同。该类植物的气孔白天关闭

以减少蒸腾，夜间开放以吸收二氧化碳，因此人们把它们列为夜间清新空气的植物。植物在进行蒸腾作用时，不仅可以降低室内温度，还可以使居室中相对湿度增大，避免干燥，更加适宜人们的居住。另外，室内园林植物还具有良好的降低噪声的作用，靠近门窗布置的绿化植物可以有效阻隔传向室内的噪声。

4. 组织空间

室内园林植物还具有组织室内空间的作用。用室内绿化来变换室内空间常有以下几种方法：

①分割空间，即在设计中常以绿篱、花台等分割大空间，对室内空间进行再组织，使各部分既保持功能特点又不失整体空间的完整性。这种分割方法比采用隔墙割断更灵活，还可同时起到美化环境的作用。

②沟通空间，即绿化可以成为联系空间的纽带，使相邻的空间相互沟通，如将绿化引入室内使室内空间含有自然界外部空间的成分。这样不仅有利于室内外空间的过渡，同时还能借助绿化使室内外景色互相渗透，扩大室内的空间感。

③填充空间，即用绿化来填充室内的角落。这样不仅使空间更充实，还能打破墙角的生硬感，使墙角等难以利用的空间富有生气，焕然一新。

四、室内园林植物应用概况

在国外，小型盆栽的观赏植物（即现称的室内观赏植物）已较早地、广泛地“走”进了居室，在室内陈设中得到应用。早在20世纪30年代，被称为实用主义的新风格建筑使欧洲许多建筑物的室内显得比较敞亮，偌大的窗户使室内拥有较充足的光照，临窗摆设的各类植物成了人们的新宠并被誉为“植物窗帘”。而在20世纪六七十年代，室内观赏植物的应用又发展到了各种公共场所，如办公楼、学校、饭店和商店等。近年来，这种势头更是有增无减。

相比于国外，观赏植物在我国用作室内玩赏的历史更早，同时也很广泛。据研究，隋唐时期就已出现室内盆景。随着现代社会的不断发展和人民生活水平的大幅提高，观赏植物的栽培和应用得到了长足的发展，在各种公共场所和居室内摆放观赏植物已逐步成为一种时尚。

如何更为科学地将自然引入室内，使之构成同时拥有生态功能与装饰功能的室内要素，是当前的一个重要课题。

近些年来，室内园林植物应用发展迅速，技术上的不断进步使植物在室内生存成为可能。并且，人们日渐认识到园林植物在减少污染、改善环境、提高室内空气质量方面的作用，从而重新萌生了对园林植物的浓厚兴趣。

在过去的几十年里，室内园林植物栽培基质的研究、运输及栽培养护技术等得到了很大的改进和完善，使得设计师与承包商在原本专为人类设计的环境中，发展起了令人叹为观止的室内园艺业。从休息厅到中庭，再到客厅，园林植物使整个环境大为改观。在美国，室内园林装饰植物营销已成为一个行业。一些企业在办公场所大量使用园林植物的主要原因不仅是植物能美化环境，还在于植物对人体健康有诸多益处，可为员工创造良好的工作环境。室内园林植物已被广泛地应用于旅馆、办公区、住宅区、购物中心以及各种特色建筑中。在我国上海市等地的室内装饰设计公司也兴起了由专业人员承担的室内园林植物设计业务。这也是绿色环保装修的内容之一。

第二节　调查目的及意义

室内绿化是一种有生命活力的装饰。它不仅可以增添自然气息，美化生活环境，而且能净化空气，减轻污染，有益于人体身心健康。

近几年，城市中不仅公园、苗圃、温室开始兼营室内园林植物，还出现了专门从事室内园林植物生产经营、园林植物景观设计施工及养护管理的企业。室内园林植物已在居室、宾馆、饭店、商业办公空间等各地被应用，并成为形象设计的要素及衡量环境质量的重要指标。

本研究按照绿地系统分类，主要对昆明市政务办公区、酒店、银行营业厅、商业办公区和住宅区 5 类地点的室内园林植物应用现状进行了调查并做出合理评价，以期为室内园林植物的应用提供一定依据。

第三节　调查地点与调查方法

一、调查地点

按照绿地系统的分类，主要对昆明市政务办公区、酒店、银行营业厅、商业办公区和住宅区 5 类地点进行调查，具体如下。

1. 政务办公区

本次调查选择了 4 个政务办公区：昆明市政府呈贡新办公中心、云南省建设厅、昆明市质量技术监督局、昆明市西山区劳动就业保障厅。

政务办公区是外界了解、认识这个城市的窗口之一，也是一个城市的形象。良好的室内环境极其重要。目前，政府各级部门越来越关注工作环境的建设，对政务办公环境的建设、室内园林植物的应用方面也更应注重。对这类地点室内园林植物的应用情况进行调查具有代表性作用。

2. 酒店

本次调查选择了 5 个酒店：昆明中心皇冠假日酒店、金审大酒店、高原明珠大酒店、绿洲大酒店和何日君酒店。

酒店是供客人或游人休息、住宿的地方。人们在酒店内，除了注重享受到的服务之外，也越来越注重内部设施和环境。酒店的室内园林植物的摆设便成了容易引起人们关注的地方之一。其室内园林植物的应用具有一定的代表性。

3. 银行营业厅

在银行营业厅方面，主要调查了中国建设银行、中国农业银行、招商银行、富滇银行、中国工商银行及兴业银行。

银行属于重要公共场所。而对于银行形象来讲，除了周全的服务体系，一些外在的设施和环境也极其重要。在各银行营业厅总能看见或多或少的绿色盆栽。因此，银行可作为代表性地点来做调查。

4. **商业办公区**

在商业办公区方面，主要调查了昆明普朗特园林绿化工程有限公司、云南德亚市政工程建设有限公司、云南浩和工程设计有限公司、云南铜业房地产开发有限公司。

现代生活节奏在不断加快，人们的工作压力也越来越大，在紧张的工作环境中，人们也越来越重视工作环境的营建，希望在舒适的环境中工作，工作之余，还可陶冶情操。工作环境的舒适度对工作效率的提升至关重要。所以，对商业办公区开展室内园林植物应用的调查必不可少。

5. **住宅区**

在住宅区方面，主要调查了工人新村、永昌小区、昙小苑、云山小区和时代广场。

在钢筋水泥的“丛林”里，人们越来越向往自然，也越来越需要在生活、工作的环境中创造自然，从而能舒缓紧张的情绪，使心灵得到和谐、宁静的享受。于是，许多家庭把花草带到了家中，装饰美化生活的空间。选择住宅区作为调查对象，更能反映出当前人们对室内园林植物的应用需求。

二、调查方法

确定调查中室内园林植物的界限。室内园林植物是指能在室内生长且具有园林功能的植物，具有包含面广、种类繁多等特点。植物界所包含的植物只要在室内出现或者某一阶段在室内出现，都可以称作室内园林植物。小到在阴暗潮湿的厨房、卫生间角落自然生长的绿藻和苔藓，大到在一些商场、酒店大厅种植的高大乔木，以及插花所使用的植物花材（植物的根、茎、叶或是整株植物）等，都能称作室内园林植物。

确定调查地点。根据文献资料及前期调研，针对调查目的，确定选取 5 种类型调查地点进行调查。

实地调查。到选取的各调查点进行实地景观的调查，用相机记录下调查点

的各个景观，并做好相应记录。

调查结果整理。结合查阅的各种资料，对实地调查结果进行整理归纳。

分析与总结。对调查结果进行分析与总结，并提出合理的建议。

第四节　调查结果及分析

一、政务办公区室内园林植物调查结果及分析

通过对昆明市政府呈贡新办公中心、云南省建设厅、昆明市质量技术监督局、昆明市西山区劳动就业保障厅 4 个地点的办公大厅的调查可知，4 个调查点共有 33 种室内园林植物，隶属 14 科 28 属（表 5–1）。进一步分析发现，昆明市各政务办公地点内应用的室内园林植物以观叶植物为主，共 28 种，占 85%，其中绿宝石、散尾葵、绿萝、鹅掌柴、八角金盘、千年木、巴西木等观叶植物应用较多。叶花兼赏型园林植物 4 种，占 12%。其他植物 1 种，占 3%。室内园林植物多布置于办公室的墙角、走廊的旁边等（图 5–1 至图 5–4）。

从园林植物的景观功能和生态功能来看，4 个调查点的室内园林植物与调查点的功能和环境结合较紧密。政务办公区是政府为人民提供服务、与市民直接接触的场所，所以多处会运用一些比较高大的树种或组景以显示大气。

云南省建设厅大堂中有一盆栽组景：中心摆设大型木雕，围绕着木雕摆放了一圈红掌。红掌在木雕与地面硬质铺装之间起到了很好的过渡和衔接作用。云南省建设厅某办公室摆设了一盆高约 2 米的大型盆栽——绿宝石（图 5–1）。云南省建设厅二楼走廊上还以线性摆放形式摆放了多盆金心巴西铁，各办公室内也应用了大小不一的各种植物，如八角金盘、海桐、非洲茉莉、滴水观音等。

昆明市质量技术监督局大厅上二楼的楼梯口左右各摆了一盆高约 2 米的散尾葵（图 5–2）。此外，昆明市质量技术监督局大厅中还有红掌、一品红、变叶木、白掌等小型盆景配置的组景。

表 5-1 昆明市政务办公区主要应用的室内园林植物

中文名	拉丁名	科	属	分类
苏铁	*Cycas revoluta*	苏铁科	苏铁属	室内观叶植物
袖珍椰子	*chamaedorea elegans*	棕榈科	竹节椰属	室内观叶植物
发财树	*Pachira glabra*	锦葵科	瓜栗属	室内观叶植物
变叶木	*Codiaeum variegatum*	大戟科	变叶木属	室内观叶植物
一品红	*Euphorbia pulcherrima*	大戟科	大戟属	室内观叶植物
蟹爪兰	*Schlumbergera truncata*	仙人掌科	仙人指属	室内观叶、观花植物
镜面草	*Pilea peperomioides*	荨麻科	冷水花属	室内观叶植物
金边虎尾兰	*Sansevieria trifasciata* var. *laurentii*	天门冬科	虎尾兰属	室内观叶植物
八角金盘	*Fatsia japonica*	五加科	八角金盘属	室内观叶植物
海桐	*Pittosporum tobira*	海桐科	海桐属	室内观叶植物
鹅掌柴	*Heptapleurum heptaphyllum*	五加科	鹅掌柴属	室内观叶植物
龟背竹	*Monstera deliciosa*	天南星科	龟背竹属	室内观叶植物
滴水观音	*Alocasia odora*	天南星科	海芋属	室内观叶植物
春羽	*Thaumatophyllum bipinnatifidum*	天南星科	鹅掌芋属	室内观叶植物
白掌	*Spathiphyllum floribundum 'levlandil'*	天南星科	白鹤芋属	室内观叶、观花植物
红掌	*Anthurium andraeanum*	天南星科	花烛属	室内观叶、观花植物
非洲茉莉	*Fagraea ceilanica*	龙胆科	灰莉属	室内观叶植物
绿萝	*Epipremnum aureun*	天南星科	麒麟叶属	其他植物
绿宝石	*Philodendron imbe*	天南星科	喜林芋属	室内观叶植物
白蝴蝶	*Syngonium podophyllum*	天南星科	合果芋属	室内观叶植物
巴西木	*Dracaena fragrans*	天门冬科	龙血树属	室内观叶植物
凤梨	*Ananas comosus*	凤梨科	凤梨属	室内观叶、观花植物
金心巴西铁	*Dracaena fragrans 'Massangeana'*	天门冬科	龙血树属	室内观叶植物
丛生喜林芋	*Philodendron 'Wend-imbe'*	天南星科	喜林芋属	室内观叶植物
散尾葵	*Dypsis lutescens*	棕榈科	金果椰属	室内观叶植物
千年木	*Dracaena marginata*	天门冬科	龙血树属	室内观叶植物
花叶万年青	*Dieffenbachia seguine*	天南星科	黛粉芋属	室内观叶植物
黄金葛	*Scindapsus aureun 'All Gold'*	天南星科	麒麟叶属	室内观叶植物
棕竹	*Rhapis excelsa*	棕榈科	棕竹属	室内观叶植物
绿巨人	*Spathiphyllum 'Cultorum'*	天南星科	白鹤芋属	室内观叶植物

续表

中文名	拉丁名	科	属	分类
富贵树	*Robinia pseudoacacia 'idaho'*	豆科	刺槐属	室内观叶植物
文竹	*Asparagus setaceus*	天门冬科	天门冬属	室内观叶植物
垂叶榕	*Ficus benjamina*	桑科	榕属	室内观叶植物

图 5–1　绿宝石（云南省建设厅）

图 5–2　散尾葵（昆明市质量技术监督局）

图 5–3　鹅掌柴（昆明市政府呈贡新办公中心）

图 5–4　白掌（昆明市政府便民中心）

昆明市政府呈贡新办公中心1号楼大厅里摆放的组景中间则是一盆栽垂叶榕，围绕着垂叶榕由里到外摆放了变叶木、一品红；市政府便民中心一楼至二楼电梯口及二楼门厅处以线性摆放的形式摆放了多盆白掌。

昆明市西山区劳动就业保障厅办事中心配置了龟背竹、滴水观音等园林植物，美化了办公空间。

从实地调查和分析来看，昆明市政府办公地点的室内园林植物的应用上还有不足之处，主要是植物种类较少，且多为常绿的观叶植物，色彩应用上略显单调，可以增添一些室内的观花、观果植物，为空间增加一些色彩。

二、酒店室内园林植物调查结果及分析

酒店室内配置园林植物具有3个作用。第一，柔化空间。酒店建筑和装饰呈现纵横硬直的线条，进行绿化配置后，可补充色彩，柔化空间，使室内显得生机勃勃。第二，分割组织空间和引导视线。用花池、花墙或桶栽、盆栽植物来划定界线，克服了用建筑分割带来的呆板，使空间达到似隔非隔、相互交融的效果。第三，改善室内小气候条件。酒店室内相对湿度较低，空气流通差，二氧化碳浓度和病菌含量较高，绿色植物能清除室内大部分污染物，净化空气，调节空气相对湿度，削弱噪声，改善室内环境条件。

因此，优美的植物景观，同酒店的装饰和优良的服务相得益彰。现代酒店的风格虽各不相同，但有一个共同点，即利用园林植物展现各自风格和情调，烘托出不同的气氛，满足人们的精神需要，陶冶人的情操。酒店室内园林植物景观配置需选择姿态优美、能适应室内特殊环境的园林植物。

通过对昆明中心皇冠假日酒店、金审大酒店、高原明珠大酒店、绿洲大酒店和何日君酒店的调查可知，5所酒店共应用了26种室内园林植物，隶属14科25属（表5–2）。进一步分析发现：观叶类园林植物21种，占81%，叶花兼赏型园林植物4种，占15%，其他类植物1种，占4%。

表 5-2　酒店主要应用的室内园林植物

中文名	拉丁名	科	属	分类
发财树	*Pachira glabra*	锦葵科	瓜栗属	室内观叶植物
绿萝	*Epipremnum aureum*	天南星科	麒麟叶属	其他植物
非洲茉莉	*Fagraea ceilanica*	龙胆科	灰莉属	室内观叶植物
花叶万年青	*Dieffenbachia seguine*	天南星科	黛粉芋属	室内观叶植物
春羽	*Thaumatophyllum bipinnatifidum*	天南星科	鹅掌芋属	室内观叶植物
散尾葵	*Dypsis lutescens*	棕榈科	金果椰属	室内观叶植物
凤梨	*Ananas comosus*	凤梨科	凤梨属	室内观叶、观花植物
一品红	*Euphorbia pulcherrima*	大戟科	大戟属	室内观叶植物
龙舌兰	*Agave americana*	天门冬科	龙舌兰属	室内观叶植物
巴西木	*Dracaena fragrans*	天门冬科	龙血树属	室内观叶植物
鹅掌柴	*Heptapleurum heptaphyllum*	五加科	鹅掌柴属	室内观叶植物
鱼尾葵	*Caryota maxima*	棕榈科	鱼尾葵属	室内观叶植物
豆瓣绿	*Peperomia tetraphylla*	胡椒科	草胡椒属	室内观叶植物
变叶木	*Codiaeum variegatum*	大戟科	变叶木属	室内观叶植物
君子兰	*Clivia miniata*	石蒜科	君子兰属	室内观叶、观花植物
冷水花	*Pilea notata*	荨麻科	冷水花属	室内观叶植物
八角金盘	*Fatsia japonica*	五加科	八角金盘属	室内观叶植物
垂叶榕	*Ficus benjamina*	桑科	榕属	室内观叶植物
橡皮树	*Ficus elastica*	桑科	榕属	室内观叶植物
白掌	*Spathiphyllum floribundum 'levlandil'*	天南星科	白鹤芋属	室内观叶、观花植物
红掌	*Anthurium andraeanum*	天南星科	花烛属	室内观叶、观花植物
海芋	*Alocasia odora*	天南星科	海芋属	室内观叶植物
龟背竹	*Monstera deliciosa*	天南星科	龟背竹属	室内观叶植物
苏铁	*Cycas revoluta*	苏铁科	苏铁属	室内观叶植物
棕竹	*Rhapis excelsa*	棕榈科	棕竹属	室内观叶植物
富贵树	*Robinia pseudoacacia 'idaho'*	豆科	刺槐属	室内观叶植物

通过调查还发现，在各大酒店里采用的园林植物多为发财树、绿萝、非洲茉莉、散尾葵、巴西木、富贵树、龟背竹、垂叶榕、八角金盘等观叶类园林植物，且大多摆放在酒店入口、大堂、墙角处，或者大堂内休息处沙发后。例如，高原明珠大酒店里的大厅里摆着非洲茉莉（图 5–5），上二楼的楼梯口摆有凤梨，落地窗处摆放着散尾葵等，二楼餐厅桌子上还摆设着一些鲜切插花。这些植物很好地起到了分隔和装饰空间的作用，与周围的环境相融合，营造了良好的酒店环境。

图 5–5　非洲茉莉（高原明珠大酒店内）

酒店大厅的服务台上一般都会摆放着鲜切插花，或是一些较小的盆栽，如袖珍椰子。

此次调查的酒店多为星级酒店，应用的园林植物比较多，形成了环境优美、舒适宜人的室内环境。在室内园林植物的应用上，多数酒店大同小异：一

般大厅是重点，多数酒店大门入口都会摆放两盆大型盆栽，然后再摆放一些大型的盆栽组合；休息区旁、过道旁、转角处、服务台等人出现频率较多处基本都摆放有适宜大小的园林植物；桌面上一般放置小型盆栽或鲜切花营造浪漫气氛和优雅情调。园林植物的摆放位置也有所讲究：空间大、人流量大的地方一般摆放一些较具有观赏性的大型盆栽；比较隐蔽、光线较差的地方一般摆放一些较小的耐阴植物。

综合分析昆明市各酒店应用的室内园林植物可知，花卉材料的应用与其他公共设施相比种类相对较多，不仅有盆栽植物，也有用在服务台和餐厅饭桌上的鲜切插花，而且鲜切插花的更换频率较快。不过，总体而言，昆明市各大酒店室内园林植物在种类上还略显单调，许多可在室内应用的园林植物没有应用。

酒店的室内园林植物可适当增加观花类植物，使环境色彩更加丰富、更加优美，但在配置上应注意协调统一。尤其是大厅等人流较多的地方，可以在植物配置上多下功夫，形成酒店独具一格的风景，也可多考虑观果类园林植物的应用。酒店的室内园林植物景观配置应据植物特点和实际景况进行艺术布局，充分发挥植物景观效果，同时利用室内现代化的控光、空调、通风等设施，实行集约化养护管理，以满足室内园林植物对环境条件的要求，实现科学性与艺术性的统一。

三、银行营业厅室内园林植物调查结果及分析

通过对中国建设银行金碧路支行、中国农业银行昆明三市街支行、招商银行翠湖支行、富滇银行南屏支行、富滇银行聚兴支行、中国工商银行昆明南屏支行和兴业银行祥云支行的调查可知，7 个银行营业部共应用了 24 种室内园林植物，隶属 8 科 19 属（表 5–3）。进一步分析发现：观叶类园林植物 20 种，占 83%；叶花兼赏型园林植物 3 种，占 13%；其他类植物 1 种，占 4%。

表 5-3 银行营业厅应用的主要室内植物

中文名	拉丁名	科	属	分类
绿萝	*Epipremnum aureum*	天南星科	麒麟叶属	其他植物
金钱树	*Zamioculcas zamiifolia*	天南星科	雪芋属	室内观叶植物
白掌	*Spathiphyllum floribundum* 'levlandil'	天南星科	白鹤芋属	室内观叶、观花植物
滴水观音	*Alocasia odora*	天南星科	海芋属	室内观叶植物
红掌	*Anthurium andraeanum*	天南星科	花烛属	室内观叶、观花植物
绿宝石	*Philodendron imbe*	天南星科	喜林芋属	室内观叶植物
春羽	*Philodenron bipinnatifidum*	天南星科	鹅掌芋属	室内观叶植物
花叶芋	*Caladium bicolor*	天南星科	五彩芋属	室内观叶植物
龟背竹	*Monstera deliciosa*	天南星科	龟背竹属	室内观叶植物
非洲茉莉	*Fagraea ceilanica*	龙胆科	灰莉属	室内观叶植物
一品红	*Euphorbia pulcherrima*	大戟科	大戟属	室内观叶植物
袖珍椰子	*chamaedorea elegans*	棕榈科	竹节椰属	室内观叶植物
变叶木	*Codiaeum variegatum*	大戟科	变叶木属	室内观叶植物
散尾葵	*Dypsis lutescens*	棕榈科	金果椰属	室内观叶植物
文竹	*Asparagus setaceus*	天门冬科	天门冬属	室内观叶植物
发财树	*Pachira glabra*	锦葵科	瓜栗属	室内观叶植物
富贵竹	*Dracaena sanderiana*	天门冬科	龙血树属	室内观叶植物
巴西木	*Dracaena fragrans*	天门冬科	龙血树属	室内观叶植物
金边富贵竹	*Dracaena sanderiana* 'Golden edge'	天门冬科	龙血树属	室内观叶植物
金心巴西铁	*Draceana fragrans* 'Massangeana'	天门冬科	龙血树属	室内观叶植物
凤梨	*Ananas comosus*	凤梨科	凤梨属	室内观叶、观花植物
富贵树	*Robinia pseudoacacia* 'idaho'	豆科	刺槐属	室内观叶植物
百合竹	*Dracaena reflexa*	天门冬科	龙血树属	室内观叶植物
太阳神	*Dracaena fragrans*	天门冬科	龙血树属	室内观叶植物

银行营业厅同样是人流量较多的地方，而营业厅内的环境条件一定程度上可展示银行的形象。从园林植物的景观功能和生态功能来看，几个银行营业厅调查点应用频率较高的室内园林植物仍然是富贵树、发财树、绿萝、滴水观音等观赏植物（图 5–6 至图 5–11）。这些植物应用频率高的原因：首先，这些植物树形优美具有较高的观赏价值；其次，这些植物有较好的寓意，如富贵树，

图 5–6　金心巴西铁（富滇银行营业厅内）

图 5–7　百合竹（中国农业银行营业厅内）

图 5–8　太阳神（中国建设银行营业厅内）

图 5–9　滴水观音（中国农业银行营业厅内）

图 5-10　巴西木（中国建设银行营业厅内）

图 5-11　发财树（兴业银行营业厅内）

四季常青，树形优美，寓意生意兴隆。

多数银行营业厅会在入口之处摆放较大的盆栽植物，例如：兴业银行祥云支行自动取款处与营业厅之间，以及营业厅入口摆放了发财树；富滇银行聚兴支行入口处摆放了绿萝，而营业厅内摆放了金钱树；中国工商银行昆明南屏支行入口处摆放了绿萝和金心巴西铁；中国农业银行昆明三市街支行楼梯入口处摆放了一盆较大的滴水观音。这些树形优美的园林植物在达到良好绿化效果的同时也蕴含着美好的寓意。

常绿的观叶园林植物在银行营业厅中应用较多。例如：富滇银行聚兴支行营业厅入口处的左右各摆一棵富贵树，沿着营业厅玻璃墙摆放了一排金心巴西铁，厅内的人员等待桌上摆有文竹和白掌，每个服务窗口上也摆有白掌，使来办理业务的顾客有一个舒适的环境；兴业银行祥云支行营业厅内沙发休息区的茶几上摆放了 3 盆变叶木，沙发背后摆放了富贵树，沙发边上沿着服务窗口摆放了百合竹、绿萝和散尾葵，每个服务窗口则摆放了白掌，营造了良好的室内环境。

总的来说，银行营业厅室内园林植物的应用以常绿的观叶园林植物为主，

通常置于大堂入口处，但总体植物种类还是比较少，且多为一些常用的树种。

四、商业办公区室内园林植物调查结果及分析

拥有一个整洁、美丽、清新的工作环境是所有人的共同愿望。随着经济的发展，人们对生活及工作环境的要求也越来越高。商业办公场所内的植物应用也成了人们越来越注重的环节。

经过对昆明普朗特园林绿化工程有限公司、云南德亚市政工程建设有限公司、云南浩和工程设计有限公司、云南铜业房地产开发有限公司的调查发现，4 家企业共应用了 35 种室内园林植物，隶属 17 科 31 属（表 5–4）。进一步分析发现：观叶类园林植物 29 种，占 83%；叶花兼赏型园林植物 4 种，占 11%；其他类植物 2 种，占 6%。

表 5–4　商业办公空间主要应用的室内园林植物

中文名	拉丁名	科	属	分类
绿萝	*Epipremnum aureum*	天南星科	麒麟叶属	其他植物
金钱树	*Zamioculcas zamiifolia*	天南星科	雪铁芋属	室内观叶植物
非洲茉莉	*Fagraea ceilanica*	龙胆科	灰莉属	室内观叶植物
一品红	*Euphorbia pulcherrima*	大戟科	大戟属	室内观叶植物
袖珍椰子	*chamaedorea elegans*	棕榈科	竹节椰属	室内观叶植物
白掌	*Spathiphyllum floribundum 'levlandil'*	天南星科	白鹤芋属	室内观叶、观花植物
变叶木	*Codiaeum variegatum*	大戟科	变叶木属	室内观叶植物
散尾葵	*Dypsis lutescens*	棕榈科	金果椰属	室内观叶植物
文竹	*Asparagus setaceus*	天门冬科	天门冬属	室内观叶植物
发财树	*Pachira glabra*	锦葵科	瓜栗属	室内观叶植物
滴水观音	*Alocasia odora*	天南星科	海芋属	室内观叶植物
红掌	*Anthurium andraeanum*	天南星科	花烛属	室内观叶、观花植物
富贵竹	*Dracaena sanderiana*	天门冬科	龙血树属	室内观叶植物

续表

中文名	拉丁名	科	属	分类
巴西木	*Dracaena fragrans*	天门冬科	龙血树属	室内观叶植物
绿宝石	*Philodendron imbe*	天南星科	喜林芋属	室内观叶植物
金边富贵竹	*Dracaena sanderiana* 'Golden edge'	天门冬科	龙血树属	室内观叶植物
金心巴西铁	*Draceana fragrams* 'Massangeana'	天门冬科	龙血树属	室内观叶植物
红背竹芋	*Stromanthe sanguinea*	竹芋科	紫背竹芋属	室内观叶植物
茉莉花	*Jasminum sambac*	木樨科	素馨属	室内观叶、观花植物
蟹爪兰	*Schlumbergera truncata*	仙人掌科	仙人指属	室内观叶植物
银边吊兰	*Chlorophytum comosum* 'Variegatum'	天门冬科	吊兰属	室内观叶植物
春羽	*Philodenron bipinnatifidum*	天南星科	鹅掌芋属	室内观叶植物
千年木	*Dracaena marginata*	天门冬科	龙血树属	室内观叶植物
橡皮树	*Ficus elastica*	桑科	榕属	室内观叶植物
豆瓣绿	*Peperomia tetraphylla*	胡椒科	草胡椒属	室内观叶植物
龙舌兰	*Agave americana*	天门冬科	龙舌兰属	室内观叶植物
孔雀竹芋	*Goeppertia makoyana*	竹芋科	肖竹芋属	室内观叶植物
大花惠兰	*Cymbidium*	兰科	兰属	室内观花植物
金琥	*Echinocactus grusonii*	仙人掌科	金琥属	其他植物
芦荟	*Aloe vera*	阿福花科	芦荟属	室内观叶植物
铁线蕨	*Adiantum capillus-veneris*	凤尾蕨科	铁线蕨属	室内观叶植物
虎刺梅	*Euphorbia milill* var. *splendens*	大戟科	大戟属	室内观叶植物
龟背竹	*Monstera deliciosa*	天南星科	龟背竹属	室内观叶植物
君子兰	*Clivia miniata*	石蒜科	君子兰属	室内观叶、观花植物
富贵树	*Robinia pseudoacacia* 'idaho'	豆科	刺槐属	室内观叶植物

从园林植物的景观功能和生态功能来看，各企业室内园林植物的应用大同小异。很多人喜欢在电脑旁摆设小型盆栽的仙人掌科植物。办公室其他地方则常摆有一些含有寓意的园林树种，如富贵树、发财树和金钱树等，为企业增添好彩头。

云南铜业房地产开发有限公司入口左右两边是两棵大富贵树，门厅两边也摆了两棵，门厅的尽头摆了两棵发财树，电梯门口摆设了凤梨和红掌，公司入口的迎接台上还摆放了袖珍椰子，使人进入门厅就有一种亲近自然的感觉。云南浩和工程设计有限公司及云南德亚市政工程建设有限公司室内园林植物应用比较少。二者入口处均摆有富贵树。前者除入口处的富贵树外，多在墙角摆有橡皮树、龟背竹、滴水观音、千年木等观叶类园林植物。昆明普朗特园林绿化工程有限公司入口处有个风水轮流转的水景，两边放有两盆凤梨，旁边的接待区的沙发旁摆有红背竹芋，会议室两边是中型的两棵富贵树，大办公室的尽头摆设了两棵金钱树，其余各办公室内摆设了金边吊兰、春羽、红掌等植物（图 5–12 至图 5–15）。

综合分析 4 家企业室内园林植物应用情况发现，室内园林植物的应用虽然已经引起了一定的重视，但在应用上还是存在着一些问题，如园林植物的种类不够丰富，观叶类园林植物应用较多，且观花、观果类园林植物较少。例如云南浩和工程设计有限公司尽管室内办公面积比较大，但是室内园林植物不足 10 盆，种类也很少，相对而言昆明普朗特园林绿化工程有限公司里面的室内园林

图 5–12　金钱树（昆明普朗特园林绿化工程有限公司内）

图 5–13　春羽（昆明普朗特园林绿化工程有限公司内）

图 5-14　凤梨（昆明普朗特园林绿化工程有限公司内）

图 5-15　银边吊兰（昆明普朗特园林绿化工程有限公司内）

植物应用得较多，养护效果也比较好。商业办公空间更应注意自身的企业形象，而办公环境的建设是企业形象的一个重要方面。办公区加强室内园林植物的应用，在给职工提供舒适的室内环境的同时，还能体现积极、良好的企业风貌。

五、住宅区室内园林植物调查结果及分析

室内园林植物给现代家庭带来了生命的气息，一个清新、幽雅和充满绿意的居住环境是每个居民所向往的。不仅绿意盎然的植物给人以美的享受，种花栽草本身也给人带来很多乐趣。花草盆栽越来越受到现代家庭的喜爱。

经过对工人新村（3 个住户）、永昌小区（3 个住户）、昙小苑（3 个住户）、云山小区（3 个住户）和时代广场（3 个住户）的调查可知，5 个调查小区共应用 20 种室内园林植物，隶属 13 科 19 属（表 5-5）。进一步分析发现：观叶植物有 13 种，占 65%；观花植物 3 种，占 15%；叶花兼赏型植物 3 种，占 15%；其他植物 1 种，占 5%。

表 5–5 居住小区主要应用的室内园林植物

中文名	拉丁名	科	属	分类
一品红	*Euphorbia pulcherrima*	大戟科	大戟属	室内观叶植物
袖珍椰子	*chamaedorea elegans*	棕榈科	竹节椰属	室内观叶植物
白掌	*Spathiphyllum floribundum 'levlandil'*	天南星科	白鹤芋属	室内观叶、观花植物
金边富贵竹	*Dracaena sanderiana 'Golden edge'*	天门冬科	龙血树属	室内观叶植物
散尾葵	*Dypsis lutescens*	棕榈科	金果椰属	室内观叶植物
红掌	*Anthurium andraeanum*	天南星科	花烛属	室内观叶、观花植物
富贵竹	*Dracaena sanderiana*	天门冬科	龙血树属	室内观叶植物
杜鹃	*Rhododendron simsii*	杜鹃花科	杜鹃花属	室内观花植物
风信子	*Hyacinthus orientalis*	天门冬科	风信子属	室内观花植物
金琥	*Echinocactus grusonii*	仙人掌科	金琥属	其他植物
芦荟	*Aloe Vera*	阿福花科	芦荟属	室内观叶植物
铁线蕨	*Adiantum capillus-veneris*	凤尾蕨科	铁线蕨属	室内观叶植物
含羞草	*Mimosa pudica*	豆科	含羞草属	室内观叶植物
君子兰	*Clivia miniata*	石蒜科	君子兰属	室内观叶、观花植物
冷水花	*Pilea notata*	荨麻科	冷水花属	室内观叶植物
西瓜皮椒草	*Peperomia argyreia*	胡椒科	草胡椒属	室内观叶植物
蝴蝶兰	*Phalaenopsis aphrodite*	兰科	蝴蝶兰属	室内观花植物
龟背竹	*Monstera deliciosa*	天南星科	龟背竹属	室内观叶植物
龙舌兰	*Agave americana*	天门冬科	龙舌兰属	室内观叶植物
富贵树	*Robinia pseudoacacia 'ldaho'*	豆科	刺槐属	室内观叶植物

通过此次调查可以发现，住宅区内的室内园林植物仍是以常用植物为主，观花、观果的植物比较少，且主要以中型盆栽以及小型盆栽为主。一些家庭也栽植了富贵树之类的植物，如时代广场一住户家客厅里就摆放了富贵树。由于技术原因，一些家庭种植的植物存在养护管理不到位的情况，如昙小苑一住户种植的金边富贵竹、龙舌兰因养护不到位而长势差、植株瘦小，已出现枯萎的势头（图 5–16）。

另外，通过调查还发现对室内园林植物使用不当的情况。在人们生活水平

图 5–16　缺乏管养的植物（昙小苑内）

日益提高的今天，可供选择的室内园林植物种类越来越多，这就要求我们在选择时一定要把植物的特性放在第一位，其次才能考虑色彩、造型等其他方面，如果选择不当，也会对我们造成伤害。例如工人新村一住户在客厅沙发旁的桌子上摆放了一盆一品红，而一品红的汁液有毒，对人体危害较大。只有正确选择室内植物，才能为我们创造一个更为健康、协调的居住环境。

六、不同调查地点室内园林植物应用综合评价

1. 共同点

通过调查可知，5 类调查地点室内园林植物的应用都以常绿的观叶类园林植物为主，如绿宝石、滴水观音、绿萝、富贵树、发财树、散尾葵、袖珍椰子、非洲茉莉、竹芋、春羽、龟背竹、一品红等，观花及观果类园林植物应用较少。同时还发现，观叶类园林植物的应用目的多为装饰室内空间，为室内环境增添绿意。此外，多数调查地点都喜欢栽植一些树形优美且有美好寓意的园林树种，其中富贵树、发财树等较为受欢迎。

2. 不同点

比较昆明 5 类地点室内园林植物的应用效果，发现有两点不同：

①规格上。政务办公区和银行营业厅内应用比较大的盆栽（如富贵树、散尾葵、滴水观音、龟背竹等）较多。这些园林植物在这 2 类地点中应用频率高的原因可能在于：第一，场地相对较大，适于摆放这些植物；第二，满足自身办公性质的需要。其他类地点中同样有为数不多的大型盆栽存在，但小型盆景更受欢迎，如金钱树、白掌、红背竹芋、金心巴西铁、文竹、红掌等中小型盆栽，即使用到富贵树、发财树之类的园林植物，也是选用规格稍小的盆栽。

②种类上。居住小区中富贵树、散尾葵、滴水观音、龟背竹等应用比较少。从应用的室内园林植物数量上可以看出，观花类园林植物在居住小区中应用稍多，而其他几类调查点则极少应用或没有应用。

第五节　调查结论与建议

一、结论

此次调查的范围内共应用了 60 种室内园林植物，隶属 28 科 47 属。其中，观叶类园林植物 49 种，占 82%；观花类园林植物 3 种，占 5%；叶花兼赏型园林植物 6 种，占 10%；其他类园林植物 2 种，占 3%。从统计数据中可以看出，绿宝石、滴水观音、绿萝、富贵树、发财树、白掌、红掌、散尾葵、袖珍椰子、非洲茉莉、竹芋、春羽、龟背竹、一品红等观叶类植物比较受欢迎。这些园林植物中，天南星科植物在应用的室内园林植物中占比最高；其次是龙舌兰科、竹芋科、大戟科、棕榈科和仙人掌科园林植物。这些园林植物被广泛应用于酒店、银行、商业办公区、政务办公区，现在一些居住小区也开始栽植这类植物。

比较 5 类地点室内园林植物的应用效果发现：酒店应用的室内园林植物种

类及数量比较多，且在布局和景观效果上更胜一筹；政务办公区的室内园林植物次之，且品种及空间摆放更显大气；酒店、银行营业厅和商业办公区门口或大厅都更倾向于摆放寓意富贵吉祥、生意兴隆的植物，且商业办公区内部小型盆栽数量相比其他地点稍多；5 个调查地点室内园林植物应用较差的为住宅区。尽管目前家庭居室内园林植物越来越受到人们的重视和青睐，但在此次调查中却发现，居住小区中室内园林植物不仅种类较少，而且在栽培养护上也没有引起足够的重视。此外，观花类室内园林植物相比其他类型的观赏植物，应用非常少，仅在居住小区应用稍多些，其他几类地点几乎没有。

二、讨论与建议

1. 讨论

通过综合分析昆明市 5 类地点室内园林植物应用调查的结果，发现主要存在以下问题：

①各种类型调查点应用的室内园林植物品种单调重复，未形成自己的特色。如富贵树、发财树、红掌、春羽等植物在政务办公区有应用，在酒店、银行、商业办公空间同样有应用。

②室内园林植物规格不齐。如银行营业厅内发现的都是一些大型的盆栽，少有中型及小型的盆栽。

③植物的摆放缺乏科学性和艺术性。很多地方的植物只是为了简单摆设和增加一些绿色，忽略了植物的特性和艺术效果。如昆明市西山区劳动就业保障局里面的园林植物就是一排都靠着墙，虽达到了一定的绿化效果，但缺乏艺术性。

④植物养护管理不当。很多单位不注重植物本身的习性以及养护要点，管理措施不当，这样不仅使景观效果降低，而且还会加速植物死亡以致植物更换频率增高，从而增加经济成本。如云南省浩和工程设计有限公司办公室内的虎刺梅因缺乏营养，已经枯萎。

2. 建议

室内绿化园林植物资源丰富，仅棕榈科就有 210 属约 2780 种。实际调查中发现，用于昆明市室内绿化的仅有为数不多的几种。调查中还发现，室内园林植物多集中在天南星科、龙舌兰科、百合科、棕榈科、桑科、五加科这 6 个科，应用较多的植物依次是富贵树、垂叶榕、发财树、散尾葵、绿萝、富贵竹、橡皮树、鹅掌柴、万年青、棕竹等，且重复使用频率也较高。

云南省自然环境复杂，形成了极为丰富的植物种质资源，孕育了众多的乡土植物种类，其中相当多的乡土植物为世界名贵品种，如云南八大名花等。因此，昆明市室内绿化中还应充分利用云南省优秀的资源，进一步加强室内园林植物的应用。据此，对将来昆明市室内园林植物的应用提出以下几点建议：

①扩大室内园林植物的应用种类。可将一些具有观赏价值且适于室内种植而目前却没有在室内应用的园林植物应用到室内来。同时，选择培育适应典型室内环境的园林植物新品种，丰富现有的园林植物资源，加速室内园林植物的普及范围。

②增加观花类、观果类园林植物的应用。如鹤望兰、马蹄莲、蟹爪兰、君子兰、水仙、倒挂金钟、杜鹃、长春花、天竺葵、龙舌兰、风信子等都适合在室内种植，且具有较好的观赏价值。

③增加芳香类园林植物的应用。芳香植物不仅能在视觉上增加美观，而且还能在感官上使人愉悦。但在选用室内芳香植物时应注意部分芳香植物对人体会造成一些伤害。例如：百合散发出来的香味，闻之过久，会使人的中枢神经过度兴奋而引起失眠；夜来香在晚上会散发出大量刺激嗅觉的微粒，闻的时间太长会使高血压和心脏病患者感到头晕目眩、郁闷不适，甚至病情加重。

④增加抗逆性园林植物的应用。抗逆性园林植物生长周期更长，且养护管理相对较为简单，不仅能美化环境、净化空气，还能降低管理养护成本，如比较耐旱的仙人掌科的植物。

⑤增加具有净化空气能力的园林植物的配置。目前室内装修污染产生的有害物质已经严重影响了人们的正常生活和身体健康，且室内人员密集度相比室

外更大，空气流动差，空气中含氧量相对降低。在室内配置具有净化空气能力的园林植物对人体非常有益，如对甲醛净化效果较好的心叶蔓绿绒、锄叶蔓绿绒、宽叶吊兰、春羽、芦荟等，对苯净化效果较好的洋常春藤、白鹤芋、银边朱焦等。

本章参考文献

[1] 汪小飞，程铁宏．室内植物在现代家庭中的运用［J］．黄山学院学报，2004，6（3）：99-102.

[2] 舒迎澜．古代花卉［M］．北京：农业出版社，1993.

[3] 吴平．植物对室内空气污染物的净化能力研究进展［J］．四川林业科技，2009，30（3）：105-107.

[4] 高君，李东石．浅谈室内观赏植物［J］．吉林蔬菜，2008（5）：69-70.

[5] 李建文，李慧．室内绿色植物的选择［J］．河北农业科技，2007（8）：36-37.

[6] 李秀云．室内观赏植物的选择及养护［J］．职业技术，2005（6）：78.

[7] 任俐，岳桦．室内植物应用研究发展动态［J］．森林工程，2006，22（2）：6-8.

[8] 陈昕，陈庄．室内植物景观设计的环境分析［J］．湛江师范学院学报，1998，19（1）：61-64.

[9] 程雪梅，林萍，何承忠．昆明市餐饮服务业室内绿化调查研究［J］．山东林业科技，2007（6）：53-54.

[10] 孙峰，沈植国，杨秋娟．浅议宾馆饭店室内植物景观配置［J］．河南林业科技，2004，24（2）：34-35.

[11] 晏明生，史婧．室内观赏植物的作用及应用原则［J］．安徽农业科技，2010，38（4）：2157-2159.

[12] 陈芳．浅谈绿色植物在室内园林绿化中的运用［J］．现代园艺，2012

（2）：78.

[13] 冉茂中．浅谈室内园林植物配置［J］．四川农业科技，2010（12）：35-36.

[14] 张慧慧．基于垂直绿化模式下的室内植物幕墙设计应用研究［J］．居业，2021（8）：44-45.

[15] 周火明，汪宣振，刘明芳，等．室内绿化植物的选择［J］．云南农业科技，2017（4）：57-60.

[16] 吕峰，朱海阳．浅析景观植物在室内设计中的应用［J］．黑龙江科技信息，2016（14）：199-200.

[17] 王新如．浅论室内植物的选择和应用［J］．生物技术世界，2015（9）：242.

[18] 杨松敏，牛沐奇，林敏，等．福州市室内绿墙现状调查分析［J］．林业科技通讯，2020（10）：62-66.

[19] 李建，铁筱睿．昆明市室内植物种类及应用调查［J］．林业建设，2014（3）：66-71.

[20] 周丽，魏开云．浅析昆明地区室内绿化植物及其应用形式［J］．农业科技与信息（现代园林），2012（7/8）：32-38.

[21] 李书文，王美娟，贾喜棉，等．室内绿化植物的选择与发展趋势［J］．河北林业科技，2011（4）：82-83.

[22] 顾翠花，王守先．初探室内植物在大型商场中的应用［J］．北方园艺，2011（16）：109-112.

[23] 李懿．浅议室内花卉养植技术的发展［J］．中国农业信息，2012（13）：89-90.

[24] 蔡宝珍，金荷仙，熊伟．室内植物对甲醛净化性能的研究进展［J］．中国农学通报，2011，27（6）：30-34.

[25] 李静涛，潘百红，田英翠．室内植物净化空气的研究概述［J］．北方园艺，2010（11）：214-216.

[26] 张晶．浅析室内植物造景［J］．艺术科技，2014，27（9）：151-152.

[27] 杨久铭，何乐．植物景观在室内设计中的应用浅析 [J]．居业，2017(2)：64-65.
[28] 李蓉，邹飞祥．园林植物在星级酒店室内的应用与布局 [J]．现代园艺，2014 (8)：132-133.
[29] 汤胜林．室内植物配置在改善机场候机厅环境中的应用 [J]．农业与技术，2012，32 (5)：185.
[30] 曾骥．净化室内空气植物的研究概况 [J]．中国新技术新产品，2014 (14)：164-165.
[31] 刘梦云，张莉莉，熊勉，等．室内观叶植物净化空气的研究进展 [J]．化学工程师，2013，27 (10)：34-36.
[32] 陶文，王有国．山丹县银海花园小区室内园林景观设计 [J]．云南农业大学学报（社会科学），2017，11 (2)：69-74，78.
[33] 黄宇轩．室内植物的滞尘效果初步研究 [J]．企业技术开发，2015，34 (16)：84-85.
[34] 刘凤，高泽，刘松奇，等．室内植物净化空气的研究进展 [J]．安徽农业科学，2015，43 (10)：254-255，289.
[35] 李东玲．严寒地区商业综合体室内休闲空间园林景观设计研究 [D]．沈阳：沈阳建筑大学，2020.

第六章
昆明市主要园林温室应用调查

导读：设施园艺是利用特定的设施，人为地为蔬菜、水果、花卉等产品创造适宜的环境的园艺技艺。设施园艺作为现代农业发展的一种重要体现形式，集合了土地、劳动力、资金和技术等要素，是高投入、高产出的集约型农业。设施园艺有两方面突出的优势：第一，人工创造植物生长的适宜环境，提高农业生产率；第二，借助现代化农业设施、设备、计算机技术等，提高利用资源率，实现可持续发展。观赏效果好、培育时间短、生产成本低、可周年供应是现代园林植物生产的四大要素，而要实现上述目标，园林设施辅助是必不可少的。温室是园艺设施最核心的部分。本研究调查了昆明园林温室应用最好的 2 个生产基地——云南省花卉示范园区和斗南花卉生产基地，旨在充分了解昆明市目前园林温室的应用现状，并分析存在的不足，为后续温室应用提供参考。

第一节　引　言

一、温室的概念

温室，又称暖房，能透光、保温或加温，是在不适宜植物生长的季节用来栽培植物的设施，多用于低温季节喜温蔬菜、花卉、林木等植物栽培或育苗等。温室依据屋架材料、采光材料、外形及加温条件等的不同又可分为很多种类，例如玻璃温室和塑料薄膜温室，单栋温室和连栋温室，单屋面温室和双屋面温室，加温温室和不加温温室等。温室结构应密封保温，但又应便于通风降温。现代化温室中具有控制温度、相对湿度、光照等条件的设备，用计算机自动控制以创造植物所需的最佳环境条件。

温室栽培装置包括栽种槽、供水系统、温度控制系统、辅助照明系统及空气相对湿度控制系统。栽种槽设于窗底或做成隔屏状，供栽种植物；供水系统自动适时适量供给水分；温度控制系统包括排风扇、热风扇、温度感应器及恒温系统控制箱，以适时调节温度；空气相对湿度控制系统配合排风扇调节空气相对湿度及降低室内温度；辅助照明系统包含植物灯及反射镜，装于栽种槽周边，于无日光时提供照明，使植物进行光合作用，并经光线的折射作用而呈现出美丽景观。

根据最终使用功能，温室可分为生产性温室、试验（教育）性温室和允许公众进入的商业性温室。蔬菜栽培温室、花卉栽培温室、养殖温室等均属于生产性温室；人工气候室、温室实验室等属于试验（教育）性温室；各种观赏温室、零售温室、商品批发温室等则属于商业性温室。

二、国内温室发展概况

设施园艺生产，特别是日光温室蔬菜生产是近 20 多年来我国农业种植中效益最大的产业。目前，我国设施园艺面积已达 370 多万公顷，总面积居世界首位。其中，日光温室面积 60 余万公顷，为温室等大型设施总面积的 50% 以上，北方地区温室面积为全国温室面积的 80% 以上。北方地区的日光温室经过对建筑结构、环境调控技术和栽培技术等方面的不断改进，初步形成了具有中国特色的设施园艺生产体系——节能型日光温室配套栽培技术。南方地区则大力推广塑料大棚和遮阳网栽培，有助于夏季防雨降温。

近年来，我国设施园艺工程的总体水平有了明显提高。设施类型以塑料大棚和日光温室为主，逐步向大型化、多样化方向发展。地方各级政府将设施园艺工程作为发展现代农业的切入点，纷纷建立了现代化高效农业示范园区。据析，在我国370多万公顷的设施园艺生产中，代表设施园艺最高水平的大型连栋温室在我国有99.9万公顷，占总面积的27%左右。

三、国外温室发展概况

国外温室栽培最早起源于罗马。20世纪70年代以来，一些国家在设施农业上的投入和补贴较多，设施农业发展迅速。目前，荷兰、日本、以色列、美国、加拿大等国是设施农业发达的国家，在设施设备、种苗技术及栽培技术、植物保护及采后加工商品化技术、新型覆盖材料开发与应用技术、设施环境综合调控及农业机械化技术等方面都具有较高的水平，居世界领先地位。

这些国家设施农业规模大、自动化程度高、生产效率高，设施农业主体设备温室内的光、水、气、肥等均实现了智能化控制。例如：以色列的现代化温室可根据作物对环境的不同要求，通过计算机对内部环境进行自动监测和调控，实现温室作物全天候、周年性的高效生产；美国、日本等国还推出了代表当今世界最先进水平的全封闭式生产体系，即应用人工补充光照、采用网络通信技术和视频技术进行温室环境的远程控制与诊断、由机械人或机械手进行移栽作业的“植物工厂”，大大提高了劳动生产率和产品产出率。

四、昆明市发展温室的优势

昆明市日光资源充足，适宜很多园林植物的生长，温室里平均每年需要加温的时间仅3个月左右，且夏季凉爽，降温的成本也很低。因此，昆明市是我国发展园林温室首选地区之一，主要在5个方面具有优势。

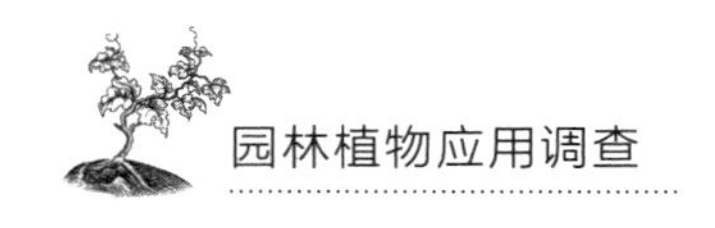

1. 地理气候优势

昆明市地处云贵高原中部，位于东经 102° 0 ' ~ 103° 40 '，北纬 24° 23 ' ~ 26° 22 '，南北长 218 千米，东西宽 151 千米，平均海拔 1891.4 米。低纬度、高海拔的地貌使昆明市形成年平均温度为 14.7℃（最热月 7 月平均气温 19.7℃，最冷月 1 月平均气温 7.5℃），年降雨量为 1001.8 毫米，年日照时数 2481.2 小时，相对湿度为 73%，全年有霜日仅 23.8 天的优越气候条件。光照充足、日温差大、四季如春的特殊气候，使昆明市基本上可以周年生产温带园林植物，从而成为全国乃至亚洲生产温带鲜切花最为理想的地区。

2. 昆明市飞速发展的园林植物产业化优势

改革开放以后，昆明市利用独特的地理气候优势，开始进行大规模的园林植物生产，并且实现了多种园林植物的周年、均衡、规模化生产。在充分利用富饶的土地资源、良好的水利设施及相对丰富的劳动力这些得天独厚的优势的前提下，昆明市的园林植物产业发展非常迅速。昆明市已经成为我国园林植物产业最发达的地区之一，年产各类鲜切花近 100 亿支，90% 销往省外及国外，鲜切花产销量连续多年居全国各省（直辖市、自治区）第一。雄厚的园林植物产业基础为发展温室园林植物产业提供了技术和人才的保证。

3. 成熟的市场运行机制优势

昆明市斗南花卉市场，交易场地由原来的 8000 平方米扩大了 5 倍多，现已形成集旅游、货运、冷藏保鲜、农用物资、种苗、科技服务、金融信息服务为一体的综合配套市场，日交易量达上百万支，日交易人数达上万人。这个花卉交易市场目前已成为全国乃至亚洲最大的鲜切花交易市场，年销售各种园林植物种苗 1 亿多株，鲜切花年交易量与交易额均突破“百亿”。大规模的市场体系为发展温室园林植物业提供了有力的市场保证。

4. 便利的交通运输条件优势

昆明市作为云南省省会，不仅是全省政治、经济、文化中心以及交通运输枢纽，而且是我国内地连通东南亚的陆路桥头堡。便捷的陆空运输网络，使昆

明市成为一个多功能中心城市和全面开放城市，同时也成为我国较大的鲜切花消费集中地。这为发展温室园林植物业提供了花卉运输保证。

5. 成熟的对外贸易优势

改革开放以来，我国国民经济稳步增长，人民生活水平不断提高，对园林植物的消费需求也越来越大。据统计，1994 年以来我国的园林植物消费量以年均 40% 的速度增长。国内外潜在的巨大市场容量为昆明市温室花卉产业的发展提供了美好的市场前景。目前，作为园林植物主要消费市场的发达国家的园林植物生产成本迅速增长，世界园林植物呈现产销异地化趋势，生产地逐渐向发展中国家转移。近年来，昆明市的“三资”园林植物企业逐年增加，这为昆明市发展温室园林植物业注入了大量资金和活力，提供了国际市场机遇。为抓住这一发展园林植物产业千载难逢的机遇，昆明市政府采取措施大力扶持园林植物产业的发展。这也为温室园林植物产业的进一步发展创造了有利条件。

第二节　调查目的及意义

随着科技的快速发展，园艺生产技术也在大大提高。温室的出现大力提高了园林植物的产量和品质，极大地推动了园林园艺的发展，人们可以在异于花期的时间段利用温室培育出需要的园林植物品种，从而大大满足了生活和生产中的需要。

昆明市是我国第一大鲜切花生产基地，温室的发展对昆明园林植物的生产显得更为重要。几十年来，昆明市的园林植物生产设施也得到了迅猛的发展，从最初只有简易的竹木结构中小棚，到现在已拥有先进现代化温室、拥有国产连栋塑膜钢架大棚，温室规模和档次逐渐提高。但是昆明市在发展温室方面也存在着许多问题。本研究旨在调查昆明市温室应用现状，分析存在的不足，并提出相应的解决措施，为昆明市温室的发展提供一定参考。

第三节　调查地点与调查方法

一、调查地点

本次调查选择了昆明市 2 个园林植物生产基地，即云南省花卉示范园区和斗南花卉生产基地。

云南省花卉示范园区由云南省政府投资建设，具有高水准的基础设施和公用设施。园内聚集了云南省多家拥有着先进生产资料和高端生产技术的大中型园林植物生产企业。园区及周边园林植物种植面积近 5000 亩。这些公司都拥有自己的生产基地，在园区主要用于生产的是现代化水平较高的温室。

斗南花卉生产基地聚集了昆明市及周边区域的大部分个体花农。他们以家庭为单位建立自己的大棚生产基地，多数为建造简单、科技含量较低的大棚。此外，斗南花卉市场是全国最大的鲜切花交易中心，这为周边的园林植物产品在最短的时间内运到市场上销售提供了非常便捷的条件。

因此，研究云南省花卉示范园区和斗南花卉生产基地的温室应用现状比较具有代表意义。

二、调查方法

资料查阅：查阅相关资料，了解温室的概念、类型、国内外应用现状等。

样地选取：根据文献查阅和前期走访调研结果，根据调查目的针对性拟定和筛选调查样地。

实地调查：对确定的 2 个调查地点进行实地调查，采取影像、记录等方法对调查地点的温室使用情况进行翔实的记录。

调查结果整理：结合查阅的各种资料，对实地调查结果进行整理归纳。

分析与总结：对调查结果进行分析与总结，并提出合理的建议。

第四节　调查结果及分析

一、昆明市园林温室的主要类型

经过对 2 个地点的调查发现，昆明市主要应用的温室有高档自控温室、连栋塑膜钢架大棚、装配式镀锌薄壁钢管大棚、钢竹混合大棚、简易竹架大棚 5 种类型。

1. 高档自控温室

高档自控温室采用轻钢结构，配备了遮阳、雾喷降温加湿、施肥、二氧化碳补充、热风供给、补光、水处理、计算机综合控制等系统，以及移动式喷灌机、湿帘风机、环流风机、移动式苗床等设备，具有良好的性能，达到了用现代化手段实现对温室内部温度、相对湿度、光照程度、二氧化碳含量等环境因素自动控制的目的，是真正意义上的“智能化”温室（图 6–1 至图 6–4）。此类型温室适合石斛、蝴蝶兰、红掌、鹤望兰等名优品种的种植。覆盖材料方面，玻璃、聚酯中空板、薄膜均有。

图 6–1　自控玻璃温室外观（云南省花卉示范园区内）

图 6–2　自控玻璃温室换风扇（云南省花卉示范园区内）

图 6–3　自控玻璃温室内部温度、湿度监控（云南省花卉示范园区内）

图 6–4　自控玻璃温室内部构造（云南省花卉示范园区内）

2. **连栋塑膜钢架大棚**

连栋塑膜钢架大棚同样采用轻钢结构，四周遮阳，内部有消毒灭菌室、风扇、高压钠灯、雾喷降温加湿、施肥、二氧化碳补充、热风供给等设施，但是通风要靠人为开窗。菊科植物比较适合在这类大棚中种植，一般 5 周生产一批次。大棚的造价每亩在 3 万元左右。

连栋塑膜钢架大棚是在昆明市比较受园林植物企业欢迎的类型，正在逐步取代竹木结构大棚和装配式镀锌薄壁钢管大棚，成为温室市场上的主流产品。这种棚一般顶高 3 ~ 4 米，肩高 2 ~ 2.5 米，在一定程度上提高了土地利用率，扩大了种植规模，减少了边际影响，但抵抗风、雪等自然灾害能力不强，因此还有待进一步改进和提高（图 6–5 至图 6–7）。

图 6–5　连栋大棚外形（云南省花卉示范园区内）

图 6–6　连栋大棚内部结构（云南省花卉示范园区内）

图 6-7 连栋大棚内部灭菌室（云南省花卉示范园区内）

①大棚的规模。此类大棚面积以 1500 平方米左右为宜。单栋的钢架大棚一般面积只有 300 多平方米，既浪费土地资源，又不利于环境条件的控制。另外，从市场的角度来看，小规模生产也不符合市场发展的需要。且生产成本高，经济效益低。

②大棚的高度和跨度。此类大棚一般顶高 3 ~ 5 米，肩高 2 ~ 2.5 米。由于增加了高度，大棚内的空间较大，有利于生产高茎秆的园林植物。另外，拱度的加大，也提高了大棚的抗风雪能力。这种大棚一般单栋的跨度为 6 米，考虑到一般是采取自然通风，因此最好不要跨数太多，以 5 ~ 6 跨为宜。

③大棚的长度和宽度。考虑到卷膜器的设置，此类大棚的长度以不超过 60 米（多为 30 米）为宜。同时，为了通风的方便，尽量不要超过 10 跨。

④连栋塑膜钢架大棚内的小气候特点。大棚内的光照度取决于棚外自然光照度和大棚的透光能力。不同的塑料薄膜的透光率不同，新膜的透光率为 80% ~ 90%，被尘土污染的旧膜透光率常常低于 40%。如果膜面凝聚水滴，水滴的漫射作用也可使棚内光照减少 10% ~ 20%。经测定，在昆明市冬季大棚内的日平均光照度仍可达到 3 万勒克斯，完全可以满足园林植物的生长需要。此外，为了充分利用光照资源，结合连栋大棚的采光特点，大棚以东西走向较为合适。大棚内日平均气温变化趋势与外界相一致，但昼夜温差变幅大。阴雨天棚内增温效果较差，夜间棚内最低气温一般只比外界高 1 ~ 3℃。

⑤覆盖材料。此类大棚一般以聚乙烯塑料薄膜作为外覆盖材料。棚内可加设小拱棚或地膜来保温（图 6–8），或者利用双层充气薄膜来加强保温。

图 6–8　连栋大棚内部铺设地膜（云南省花卉示范园区内）

⑥设备的选用。此类大棚采用滴灌、渗灌、地膜覆盖以降低温室内土壤含水量及空气相对湿度并节约用水，使用遮阳网遮阳降温，利用防虫网预防病虫害，采用无纺布做成保温幕在冬季加强保温，采用柴油加温机进行临时性的加温，用塑料风筒把热风送往大棚内各处（图 6–9 至图 6–12）。

图 6–9　连栋大棚内部防虫设施（云南省花卉示范园区内

图 6–10　连栋大棚内部暖气供应设施（云南省花卉示范园区内）

图 6–11　连栋大棚内部通风设施
（云南省花卉示范园区内）

图 6–12　连栋大棚内部硫黄电加温消毒器
（云南省花卉示范园区内）

3. 装配式镀锌薄壁钢管大棚

现在普遍采用的装配式镀锌薄壁钢管大棚钢管管径一般为 25 毫米，管壁厚 1.2 ~ 1.5 毫米，使用寿命 10 ~ 15 年，采用卡具和套管组装成棚体，覆盖材料也采用卡槽固定，拆卸比较方便（图 6–13 和图 6–14）。一般每亩地投入 1.7 万 ~ 2.0 万元。

此类大棚一般为南北走向，宽 6 ~ 12 米，长 30 ~ 60 米，中高 1.8 ~ 2.5 米，边高 1 米。大棚由立柱、拱杆、纵杆、拥膜、压膜线等组成。该大棚具有

图 6–13　装配式镀锌薄壁钢管大棚外观
（斗南花卉生产基地内）

图 6–14　装配式镀锌薄壁钢管大棚
内部结构（斗南花卉生产基地内）

结构合理、外形美观、装拆方便、防腐耐用、保温性好、抗风雪能力强、使用广泛等优点。此类大棚大多适用于各种花卉栽培、蔬菜种植、无土栽培等。棚内空间较大，无立柱，两侧附有手动式卷膜器，作业方便，在昆明地区应用普遍。

4. 钢竹混合大棚

这是一种经过改良的，基本结构和竹架大棚相似的，以毛竹为主、以钢材为辅的钢竹混合结构大棚（图 6–15）。此种新型大棚设计可靠，抗载荷、采光率及保温等性能均可与全钢架大棚相媲美，具有承重能力强（内部竹片横档至少可承重 100 千克）、大棚结构扎实、使用寿命长（8 ~ 10 年）的优点。它的特点是：结构坚固，光照充足，便于保温，由竹片代替大部分钢管成为大棚主体构筑材料，提高了肩高，舒展了大棚空间，使两侧的土地能够被充分利用，且便于小型除草机、喷灌机在棚内操作；同时，还可明显降低大棚成本，符合发展高效节约农业的要求。一般每亩造价 6000 元。

图 6–15　钢竹混合大棚外观（斗南花卉生产基地内）

5. 简易竹架大棚

这种竹木结构的塑料大棚（图 6–16）一般长 20 ~ 30 米，宽 4 ~ 5 米，高 1.8 ~ 2.0 米，肩高约 1 米，棚内一般不设立柱。此类结构受到竹竿强度的限制，牢度较差，寿命较短（约 3 年），抗风雪能力、环境调控能力弱，易伤

薄膜。覆盖材料一般选用PVC膜，有经济能力的农户选用PE膜，后者寿命更长一些，性能也更好。如条件允许，最好选取使用寿命长、防滴性好的双防膜或多功能复合薄膜，以达到更好的设施栽培效果。竹木结构大棚结构简单，造价低，一般每亩造价在3000元。竹木结构大棚多为个体花农所采用，里面多种植一些传统易生长的园林植物，如月季花、满天星、康乃馨等。

图6-16　竹木结构大棚（斗南花卉生产基地内）

二、云南省花卉示范园区和斗南花卉生产基地温室应用比较与分析

通过调查发现，云南省花卉示范园区的温室以高档自控温室和连栋塑膜钢架大棚为主，二者所占比例超85%，其中连栋塑膜钢架大棚所占比重最高。园区中还有一定比例的装配式镀锌薄壁钢管大棚，而钢竹混合大棚和简易竹架大棚则基本没有。斗南花卉生产基地的温室则以装配式镀锌薄壁钢管大棚为主，所占比例为70%；其次为钢竹混合大棚和简易竹架大棚，占20%；连栋塑膜钢架大棚占10%；高档自控温室几乎没有。

进一步分析，两个调查点所用温室类型不同的原因主要是二者培育模式和

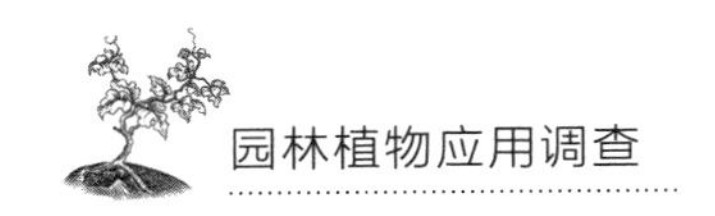

种植植物的不同。云南省花卉示范园区有一定的示范性，园区以种植高档园林植物或者对环境要求比较高的园林植物和育苗为主，而斗南花卉生产基地则是以生产为主且主要生产对环境要求不高的园林植物。

从建造成本分析，高档自控温室建造成本最高，每亩约 4 万元（含人工费，下同）；连栋塑膜钢架大棚其次，每亩约 3 万元；装配式镀锌薄壁钢管大棚再次，每亩 1.7 万 ~ 2.0 万元；钢竹混合大棚较低，每亩约 6000 元；简易竹架大棚最低，每亩只需 3000 元左右。

从效益分析，短期而言，钢竹混合大棚和简易竹架大棚效益最好，因为建造成本低，且当年就有收益；高档自控温室和连栋塑膜钢架大棚较差，一般两年后才有收益；装配式镀锌薄壁钢管大棚居中。从长远效益分析，高档自控温室和连栋塑膜钢架大棚使用寿命长，维护成本低（只需更换外覆盖材料），效益最好；钢竹混合大棚和简易竹架大棚使用寿命短（简易竹架大棚骨架材料一般最多只能用两年，外覆盖材料一般一年更换一次；钢竹混合大棚骨架材料虽然寿命长一些，但外覆盖材料一般最少两年更换一次），效益较差；装配式镀锌薄壁钢管大棚居中。

综上分析，若以一般的成苗培育为主要目的，装配式镀锌薄壁钢管大棚较适宜，而若以育苗或以培育高端园林植物为主要目的，高档自控温室和连栋塑膜钢架大棚则相对合适。当然，上述分析不考虑极端气候条件。

三、昆明市园林温室应用现状及存在的问题

1. 设施结构不合理，技术装备水平低、利用率不高

昆明市园林温室结构设计建造基本上是从国外或省外原样引进或低水平仿制，没有根据昆明市的地域和气候条件改造，技术装备水平较低，适应性较差，使用性能不太能满足设施园艺所需的要求。另外，昆明市及周边地区的大棚 60% 以上是简易竹木大棚和钢竹混合大棚。而这些类型的大棚对温度、光照、水分等环境的综合调控能力很差，且空间小、作业不便，靠近大棚两侧基

本不能种植蔬菜和花卉作物，利用率只有70%左右，在冬季如果没有加温措施，多数处于空闲状态，利用率不高。

2. 栽培品种较少

调查时发现，昆明市温室所栽培的园林植物种类较少。在云南省花卉示范园区里，很多大型企业都是针对某几种园林植物进行栽培，如昆明虹之华园艺有限公司生产基地里90%种植菊花，以黄色为主，且全部出口日本，仅留下10%左右用于别的花卉栽培。这样一来，公司的生产几乎全部依赖出口，抵御市场风险的能力较弱。

3. 设施栽培机械化程度低，生产效率低下

昆明市园林植物栽培生产过程中的土壤耕作、播种、施肥等工作超90%还是靠人工，作业环境差、生产效率低、劳动强度大。目前，温室产品的产值与劳动生产率远低于沿海地区水平，生产效益低下，温室的经济效益难以体现。

4. 连作障碍突出，病虫害严重

昆明市多数园林温室在连作栽培条件下，作物根系分泌物和植株残茬腐解物给病原菌提供了丰富的营养和寄主，同时长期适宜的温度、相对湿度环境使病原菌数量不断增加，导致作物病虫害多发。此外，温室内大量施用农药和化肥导致作物生长环境恶化，对土壤中的微生物种群乃至土壤中的根瘤菌、有机质分解菌等有益微生物产生不利的影响，从而助长了土壤病原菌的繁殖，加重了病虫害的发生。

5. 土壤次生盐渍化严重，土壤耕作层物理性状破坏加剧

温室内长年或季节性种植，改变了自然状态下的水分平衡，土壤得不到雨水充分淋洗，致使盐分在土壤表层聚集，加之花农在花卉生产过程中为了追求高产，大量施用化肥，尤其是连年大量施用尿素和磷肥等，使土壤中硝态氮和速效磷含量严重超标，造成土壤次生盐渍化，土壤非活性孔隙比例相对降低，通气透水性差，严重破坏了土壤耕作层的物理性状。一些温室由于长年被覆盖且土地得不到雨水淋洗，土壤的使用效率逐年降低，导致花卉的产量也随之降低。

6. **设施园艺科研投入不足**

目前，昆明园林温室投入主要集中在基础设施的建设方面，对设施园艺科研投入很少，特别是针对设施栽培专用品种的选育设施、设施栽培病虫害的发病规律研究设施、设施栽培土壤连作障碍的改进等投入严重不足，已经严重制约了昆明市乃至云南省设施园艺的可持续发展。

四、昆明市园林植物温室栽培改进办法

1. **改进设施建造，优化设施结构**

针对昆明市气候类型、地域条件、市场条件等实际情况，要有计划、有目的地发展适宜不同地区的温室大棚，而不能盲目照搬某一国家或地区的模式。昆明市应以连栋塑膜钢架大棚为主、竹木结构大棚为辅，适度推广自动、半自动钢架大棚，城郊少量发展现代化智能温室。例如：斗南花卉生产基地应该加大对连栋塑模钢架大棚的建设，以提高园林植物的产量；云南省花卉示范园区由于身兼生产与科研的任务，应大力发展高档自控性温室，提高对科技的投入，研发新的品种，同时还应在目前基础上保持连栋塑模钢架大棚的发展，以便保证园林植物产量的稳定增长。

2. **增加设施栽培的花色品种**

昆明市应充分应用自身丰富的资源优势，选择一些品质优良、适宜当地种植、经济效益好的园林植物进行设施栽培，建成几个布局合理的特色花卉和名贵花卉设施生产基地，丰富云南省园林植物市场。例如：斗南花卉基地可引进新的园林植物品种，而原有的园林植物可适当引进新的花色，增加产品的种类和数量，建议引进的品种有蔷薇科植物、菊科植物，以及红掌、鹤望兰等；而云南省花卉示范园区可根据科研的要求培育一些新的品种。

3. **加大资金投入，开展设施栽培专项研究**

发展温室必须以科学技术为先导，没有科技含量或科技含量低的温室将无法实现可持续发展，其经济效益也相当有限。只有以科学技术为依托，才能把

资源优势转化为市场竞争力优势和经济效益优势。因此，必须加大科研力度，积极开展设施园艺配套技术的专项研究，切实解决温室生产中的关键技术难题，如病虫害问题和土壤连作障碍问题等。

4. 推进设施园艺的规模化和产业化发展

温室是高投入、高产出、高效益的产业，只有形成相当规模才可能形成强有力的品牌效应，从而占领市场，使资源得到有效的开发与持续利用，同时带来巨大的经济效益。但昆明市设施栽培分散，在局部地区难以形成规模，因此，建议在搞好规划的基础上，采取加大投入等政策措施，以有前途、规模大的龙头企业为突破口，集中扶持和培育规模化的设施园艺基地，进而推进温室的产业化发展。

第五节　调查结论与建议

一、结论

通过调查可知，目前昆明市温室设施主要有 5 种：高档自控温室、连栋塑膜钢架大棚、装配式镀锌薄壁钢管大棚、钢竹混合大棚和竹木结构大棚。对 5 种设施的性能及应用进行综合分析后发现：竹木结构大棚、装配式镀锌薄膜钢管大棚和钢竹结构大棚建造较为简单，投资少，各方面性能也较差，多为花农生产使用，以种植月季花、满天星、康乃馨这些宜生长的花卉为主；连栋塑膜钢架大棚和高档自控温室科技含量较高，投资也高，花卉产量也较前三种高，多数种植兰科、菊科、百合科等名贵产品。

二、建议

昆明市的地理位置为当地的园林植物生产，尤其是温室园林植物的生产创造了良好的自然条件。针对目前昆明市温室园林植物生产存在的一些问题，依据对地理气候条件、经济发展水平、目前园林植物生产的现状以及当地和周边地区园林植物消费能力的分析，提出以下发展规划的建议。

1. 大力发展连栋塑膜钢架大棚

连栋塑膜钢架大棚与竹木结构塑料大棚相比，更适宜鲜切花的生产，且与现代化大型温室相比，具有投入成本和技术要求相对较低的特点，比较符合昆明市中小型园林植物生产企业的经济情况。因此，连栋式塑膜钢架大棚正在逐步取代竹木结构大棚和镀锌钢管大棚，是目前昆明市比较受园林植物企业欢迎的产品类型，也是该城市温室大棚市场上的主流产品。这种类型的温室将会在一定时期内占据昆明市园林植物生产温室的主导地位。

2. 因地制宜发展竹林结构大棚

虽然竹木结构大棚具有牢度较差，寿命较短，抗风雪能力、环境调控能力弱，易伤薄膜等缺点，最终将逐渐被市场淘汰，但由于结构简单、建造成本低，比较适合个体农户的经济承受能力，目前在昆明市仍然是个体农户的主要园林植物生产设施，短期内还不可能被完全取代。

3. 有目的、有计划地发展现代化大型温室

昆明市大中型园林植物公司越来越多，为了应对市场需求及提高自身在市场中的竞争力，应该有目的、有计划地发展现代化大型温室，如高档自控温室。从目前的生产经营情况来看，昆明市引进和建造的现代化大型温室普遍存在着建设成本高、运营费用高、经济效益差甚至亏损等问题。引用现代化大型温室，一定要根据当地的气候条件及地理环境来发展适合企业本身的现代化温室。

总的来说，昆明市应逐步淘汰竹木结构大棚和装配式镀锌薄壁钢管大棚，大力发展连栋塑膜钢架大棚，同时，有目的、有计划地引进现代化大型温室，扬长避短，充分发挥各种类型温室的优势，使全市的园林植物生产温室与园林植物生产种类搭配合理，从而不断扩大园林植物生产的规模，提高园林植物产品的质量，为进军国际市场创造有利条件，最大限度地促进当地园林植物产业的长足发展。

本章参考文献

[1] 孙锦，高洪波，田婧，等．我国设施园艺发展现状与趋势［J］．南京农业大学学报，2019，42（4）：594-604.
[2] 罗中岭．当代温室气候与花卉［M］．北京：中国农业出版社，1994.
[3] 安国民，徐世艳，赵化春．国外设施农业现状与发展趋势［J］．现代化园艺，2004（12）：34-36.
[4] 孙雁波，张汝坤．云南省地域气候特征与温室建造的探讨［J］．农机化研究，2007（1）：31-33.
[5] 刘宏军．关于我国设施农业、设施园艺业发展现状与对策研究［J］．农业与技术，2007（4）：5-8.
[6] 孟金贵，张乃明．云南省设施蔬菜生产可持续发展问题的探讨［J］．中国农学通报，2005（3）：243-244，274.
[7] 杨其长．中国设施农业的现状与发展趋势［J］．农业机械，2002（1）：36-37.
[8] 古文海，陈建．设施农业的现状分析及展望［J］．农机化研究，2004（1）：46-47，56.
[9] 黄迎辉．温室环境自动控制系统设计［J］．电子质量，2007（2）：36-38.
[10] 原保忠，康跃虎．浅谈滴灌在日光温室中的应用［J］．节水灌溉，1999（4）：16-17.
[11] 冯广和．国内外现代温室的发展［J］．新疆农机化，2004（3）：50-51.
[12] 张子威，王贞红．西藏林芝市高海拔地区茶树设施栽培必要性与技术要点［J］．农业工程技术，2021，41（19）：64-66.
[13] 郑佳奇，崔景朋．设施园艺本土化设计规划策略：以延边朝鲜族自治州为例［J］．现代农业，2021（1）：20-22.
[14] 张健．设施农业发展现状和未来趋势［J］．吉林蔬菜，2020（1）：51-52.

[15] 农业部设施园艺发展对策研究课题组.我国设施园艺产业发展对策研究[J].现代园艺，2011(5)：13-16.
[16] 魏晓明，齐飞，丁小明，等.我国设施园艺取得的主要成就[J].农机化研究，2010，32(12)：227-231.
[17] 束胜，康云艳，王玉，等.世界设施园艺发展概况、特点及趋势分析[J].中国蔬菜，2018(7)：1-13.
[18] 沈军，高丽红，张真和，等.中国设施园艺产业的经济性分析[J].农业现代化研究，2015，36(4)：651-656.
[19] 张志斌.我国设施园艺发展现状、存在的问题及发展方向[J].蔬菜，2015(6)：1-4.
[20] 丁小明，张瑜，么秋月.中国设施园艺标准化现状[J].农业工程技术，2017，37(19)：10-14.
[21] 邓秀新，项朝阳，李崇光.我国园艺产业可持续发展战略研究[J].中国工程科学，2016，18(1)：34-41.
[22] 李中华，孙少磊，丁小明，等.我国设施园艺机械化水平现状与评价研究[J].新疆农业科学，2014，51(6)：1143-1148.
[23] 郭家选，沈元月.我国设施果树研究进展与展望[J].中国园艺文摘，2018，34(1)：194-196.
[24] 彭澎，梁龙，李海龙，等.我国设施农业现状、问题与发展建议[J].北方园艺，2019(5)：161-168.
[25] 张宏成，胡彬，黑荣光，等.云南高原特色设施农业发展现状及对策[J].现代农业科技，2021(17)：145-146，149.
[26] 金吉斌，夏体韬，崔金赋，等.高原特色农业背景下云南农业基础设施发展路径研究[J].云南农业，2013(11)：11-15.
[27] 孙雁波，张汝坤.云南省地域气候特征与温室建造的探讨[J].农机化研究，2007(1)：31-33.
[28] 熊征，刘霓红，蒋先平，等.福建省温室园艺设施与装备发展现状及思

考［J］.农业工程技术，2020，40（7）：26-31.

［29］姚甲伦.园艺设施中的温室环境与调控设备［J］.农技服务，2017，34（21）：22.

［30］王伟，张建华.探讨园林园艺在农业发展中的应用［J］.热带农业工程，2020，44（5）：76-78.

［31］穆大伟，田丽波，李绍鹏，等.海南园艺设施的类型［J］.广东农业科学，2012，39（9）：154-157，166.

［32］王云伟.浅谈我国园艺发展［J］.现代园艺，2011（7）：51.

［33］丁小明，魏晓明，李明，等.世界主要设施园艺国家发展现状［J］.农业工程技术，2016，36（1）：22-32.

［34］高寿利.我国设施园艺区域发展模式研究［D］.北京：北京林业大学，2010.

［35］沈军，高丽红，张真和，等.我国设施园艺现状调查与分析［J］.河南科技学院学报（自然科学版），2014，42（5）：16-21.

［36］鞠冠雄.园艺设施的发展策略探究［J］.现代园艺，2014（4）：19.

［37］谢小妍，黄凯.珠三角地区园艺设施现状的调查与分析［C］//2013 中国园艺学会设施园艺分会学术年会·蔬菜优质安全生产技术研讨会暨现场观摩会.广州：中国园艺学会设施园艺分会，国家大宗蔬菜产业技术体系，2013：5-7.

第七章
昆明市适生园林植物选择分析

导读： 园林植物是园林绿化的基础，适宜园林植物的应用直接影响到绿化的景观效果和生态功能。云南省是全国植物种类最多的省份，被誉为“植物王国”。热带、亚热带、温带、寒温带等植物类型都有分布，古老的、衍生的、外来的植物种类和类群很多。在全国 3 万多种高等植物中，云南省占比超过 60%，列入国家一、二、三级重点保护和发展的树种云南省有 150 多种。全省森林面积超过 2390 万公顷，森林覆盖率为 65.0%，森林蓄积量超过 20 亿立方米。云南省优良、速生、珍贵树种多，药用植物、香料植物、观赏植物等品种在全省范围内均有分布，故云南还有“药物宝库”“香料之乡”“天然花园”之称。如何从众多的植物中选出适合在昆明市应用的园林植物是摆在众多园林工作者面前的重要课题。云南省住房和城乡建设厅委托云南园林行业协会分别于 2002 年和 2010 年编撰了两版《云南省城市绿化树种名录》，笔者有幸参与了 2010 年版《云南省城市绿化树种名录》编撰工作。本章基于两版《云南省城市绿化树种名录》，结合昆明实际环境条件和传统文化要求等，筛选了适宜在昆明市应用的园林绿化树种，并将应用类型做了归纳分析，旨在为昆明市园林绿化树种选择提供一定依据。

第一节 引 言

我国树种资源丰富，各地区具有不同的植被类型和树木种类且有许多特有品种。要搞好城市的绿化建设，形成具有地方特色的城市景观，就要做好树种调查分析这一基础工作。我国城市园林树种调查与规划工作早在1959年由吴中伦首先提出“园林树种选择与规划问题”时就已经开始了。1979年，中国园艺学会、中国园林学会等组织讨论了城市园林树种规划问题，陈俊愉以昆明市和上海市为例对这方面进行了论述。同年，国家城市建设总局下达了“城市园林树种调查——引种和选种”的研究课题，在21个城市开展树种调查。1980年，吴征镒主编并出版了《中国植被》，书中“中国植被区划”一篇，为城市树种规划提出了宏观背景。这之后，北京市、上海市、天津市、沈阳市、包头市、兰州市、合肥市、秦皇岛市、泰安市、太原市、南京市、无锡市、广州市、深圳市、昆明市、海口市等城市，把查阅资料与实地调查相结合，采用全面普查或样方调查的方法，相继开展了一系列的城市树种调查与研究工作。对城市树种的调查，根据研究目的的不同，调查的范围和角度也各不相同。部分城市的调查工作以城市绿地类型为主，进行分类研究，相应开展了对行道树、城市公园树种、住宅区庭院树的调查，并研究了树种组成、结构、空间格局及与环境的关系。很多城市是以市内整个绿地系统为调查对象，分析研究城市绿化树种的整体情况。银川市、承德市、泰安市、深圳市等地都进行了包括道路绿地、街头绿地、风景点绿地、公园、居住区、苗圃等在内的各种绿地的全面调查，并通过对城市绿化现状的分析，探讨整个城市绿地系统建设中树种的选择与规划问题。我国城市树种的研究工作以沈阳市、上海市、南京市等城市较为突出，其分别从树木种类的调查、群落结构、生长适应性、生态功能、选择与规划、配置模式等各个方面做了系统的研究，为之后其他城市树种的研究提供了重要的参考价值。绿地树种的选择与配置结构要做到兼顾生态、景观和经济的多元功能。开展具有特色的城市树种研究应用工作，有利于促进城市的可持续发展，提高人们生活环境的质量。

第二节　昆明市适宜园林树种选择的目的与意义

研究昆明市适宜园林树种的选择具有以下 3 个方面的意义。

1. 为保护及开发具有观赏价值的乡土树种提供案例支撑

乡土树种是指自然生长于本地的植物。与其他树种相比，乡土树种带有浓厚的本土气息，体现了当地的自然风貌，比其他植物更具地方特色，是表现城市特色植物景观的要素，可以彰显当地城市文化底蕴。乡土树种引种便利，生存能力强，有利于发挥持久的生态效益，并且在植物造景的各种小环境中都可选择到适宜生长的种类，有利于降低成本。因此，乡土树种越来越广泛地被运用在园林绿化中。加大乡土树种的开发利用，对昆明市乃至云南省植物资源的开发以及乡村经济的振兴都有积极的促进作用。

园林植物具有地带独特性，由此形成的园林景观同样具有地域特色，如华北地区的杨树林、江南地区的香樟林、华南地区的椰树林所形成的植物景观迥然不同，但都具有明显的地域特色。开发具有观赏价值的乡土树种，既可满足景观方面的要求，又能最大限度地发挥乡土树种的优势，创造景观地域特色。而且只有乡土树种得到广泛的应用，才能创造种群稳定、生态效益显著且景观优美的城市森林环境。例如，滇朴和复羽叶栾就是昆明市绿化中应用较多且颇具典型的乡土树种。

滇朴（*Celtis yunnanensis*）为榆科朴属落叶乔木，产于滇中、滇东南、滇西、滇西北等地海拔 2000 ~ 2700 米的河谷沿岸、路旁等阳光充足处。由于树形美观、冠大荫浓、具抗风能力、生长较快，滇朴成为昆明市栽培较早的乡土树种。昆明市的文庙旁有 3 株，树高 15 ~ 20 米，冠幅 20 ~ 30 米，遮阴效果好。其他地方如大观路滨河绿地、昆明理工大学、西南林业大学、云南大学、云南民族学院、云南师范大学、昆明市延安医院、春苑小区、翠湖公园等处都有种植，树高多在 10 米以上，少数为 6 ~ 7 米，冠幅 6 ~ 15 米，多作庭荫树、园

景树，也有作行道树。它是昆明市现存大树中数量较多的一种。

复羽叶栾（*Koelreuteria bipinnata*）为无患子科栾属落叶乔木，花黄色，花期 7 月，果红色，果期 10 月，产于滇东南的石灰岩山地海拔 1000 ~ 1500 米的疏林中。复羽叶栾近年来在昆明市很受重视并已大量栽培，应用形式主要是作为行道树，应用于城市主干道、居住小区道路、学校道路，如北京路塘子巷段、人民中路小西门至文庙段、东风东路金马立交桥、虹山新村、棕树营、金牛小区、西南林业大学等。树高 3 ~ 5 米，冠幅除人民中路只有 1.5 ~ 2 米外，其余都为 4 ~ 6 米。复羽叶栾适应性强，非常适合在昆明市推广应用。

2. 为加强引种驯化外来树种提供风险依据

外来树种是城市绿化的重要组成部分。自古以来，国内外都有关于外来树种用于城市绿化的记载。我国西汉时期在扩建秦代“上林苑”时，就将大批的南方珍奇树木北移京师。在欧洲，16 世纪以来，出于对异国风情的兴趣，人们在一些植物园中引种了许多外来树种。进入 21 世纪，随着经济和城市化进程的快速发展，外来树种更是大量地应用于城市绿地建设。

外来树种在城市绿地系统建设中的作用有 3 个方面：①外来树种可作为育种种质资源，与本地树种杂交，培育兼具适应性和观赏价值性的新的优良品种，丰富绿化树种品种；②外来树种独特的观赏价值可满足人们对园林植物“求奇、求新、求异”的审美心理需求，丰富城市绿地景观；③外来树种在美化城市的同时，也发挥了重要的生态功能，改善了城市生态环境。

同时也应注意到，外来树种入侵会对城市绿地生态系统的健康构成威胁，使绿地生态系统稳定性和功能的完整性遭到破坏。因而在城市绿地树种规划中，应控制外来树种比例，慎用外来树种，树种构成要以乡土树种为主、外来树种为辅。

3. 为城市绿化树种的选择提供理论依据

城市绿化树种，如果选择恰当，则树木生长健壮，绿化效益发挥得好；如果选择失误，则树木生长不良，就要多次变更树种，城市绿化面貌将长期得不到改善，既浪费时间，又造成大量经济损失。建设人与自然和谐共生的现代化社会，必须把加强城市生态环境建设摆在突出位置。城市树种的选择应遵循“适地适树”的原则，注重常绿与落叶、速生与慢生、乡土与引种树种相结合，还应体现地方特色，并注重观赏性和抗性等。

针对近年来城市绿化中存在的一些盲目跟风、不适地适树等问题，城市绿化树种的研究成为推动城市园林绿化的重要措施。园林绿地是城市生态系统中具有重要的自净功能的组成成分，在改善环境质量、维护城市生态平衡、美化景观等方面起着十分重要的作用。随着世界范围内城市化进程的加速和环境问题的加剧，人们已经越来越认识到加强绿地生态建设、改善城市环境质量的重要性，许多国家已将城市绿化发展作为制定城市可持续发展战略的一个重要内容。近年来，随着国家实力的增强以及人们环保意识的增强，城市绿化的投入也不断增多，但一些城市的绿化却缺乏理论指导，致使有些地方绿化树种的选择不切实际。因此要保障城市绿地植物景观的良好性和稳定性，首先要以生态学原理为指导，掌握植物与生存环境的协调关系。温度、水分、光照、土壤以及空气等环境因子影响并制约着植物的正常生长发育，也影响和制约着完美景观的形成。研究城市绿化树种有利于用理论指导实践，根据城市的立地条件（养分条件、土壤水分、土壤温度、土壤质地）及大气环境（温度、相对湿度、光照等）等，选择适宜的绿化树种，以达到绿化城市、减少浪费的目的。昆明市作为西南地区的重要城市、云南省的省会，在云南省政府的部署下提出了建设国家级园林城市和生态城市以适应和促进西南地区城市环境建设的战略目标。研究昆明市的适宜园林树种，对加速昆明市生态建设具有重要意义。

第三节　昆明市生态环境分析

昆明市地处滇中高原中北部，地形地貌复杂多样。昆明市具有典型的温带气候特点，四季温暖如春，全年温差较小。由于温度、相对湿度适宜，日照长，霜期短，所以不仅植物物种丰富，而且四季鲜花不断、草木长青。土壤属于玄武岩、页岩、石灰岩等成土母岩发育而成的酸性、微酸性土壤，pH 范围

为 5 ~ 7，主要为红土、灰棕土、黑土、沙土和胶泥土 5 类，土层深厚，地下水位 1 ~ 2 米，适宜多种园林树木的生长。昆明市拥有不同于世界上同纬度或同海拔其他地区的独特的气候特点：春季温暖少雨；夏无酷暑，雨量集中；秋季温凉；冬无严寒，日照充足；特别是具有滇池、阳宗海等调节温度、相对湿度。因此，昆明市不仅适宜众多植物生长，而且引种外来花木的潜力也很大。

昆明市是 1982 年国务院公布的首批历史文化名城之一，历史悠远，文化深邃，目前定位是现代化的风景游览城市，并以创建“国家园林城市”和“生态城市”为目标。昆明市具有得天独厚的自然气候条件，木本植物资源极为丰富，种子植物有3000余种，占全国总数的10％，占云南省总数的20％，其中，樟科、山茶科、槭树科、壳斗科、木兰科、卫矛科、蔷薇科、山茱萸科、无患子科、木樨科等最具有开发潜力。全市的花卉品种有 400 多种，其中很多是木本花卉。根据查阅的相关资料和调查的情况，昆明市常见的木本植物资源有 99 科、267 属、640 余种，其中，乡土树种占 80%，引种栽培树种占 20%，温带、亚热带、热带的植物兼而有之，这为昆明市城市绿化提供了充足的树种资源。

第四节　昆明市适生园林树种分析及选择

一、2002 年版和 2010 年版《云南省城市绿化树种名录》比较分析

1. 2002 年版《云南省城市绿化树种名录》

2002 年版《云南省城市绿化树种名录》由地方特色乔木树种名录、外来适宜乔木树种名录以及适宜灌木、草本、藤本、竹类植物名录 3 个部分组成。精选各种植物 271 种，其中地方特色乔木 97 种，外来适宜乔木 49 种，灌木植物 79 种，草本植物 12 种，藤本植物 21 种，竹类植物 13 种。每种植物都编有序号，标明名称、科别，在云南省的分布地区、适宜地区，以及用途等内容。

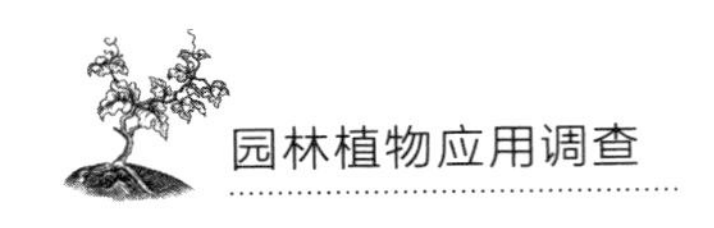

（1）云南地方特色乔木树种名录

在第一部分“云南省地方特色乔木树种名录”中，共有 97 种乔木，隶属于 37 个科。

蔷薇科有 7 种乔木。根据名录表中所载的适应地区，石楠、球花石楠、椤花石楠、云南樱花、冬樱花、少齿花楸、云南枇杷 7 种乔木都能运用到昆明市的城市绿化中，在园林中多用来作行道树和观赏树。

樟科也有 7 种乔木，即滇润楠、香油果、网叶山胡椒、云南樟、香樟、檫木、红楠木。其中，檫木只适合生长于滇东、滇西南、滇东北等地区，不宜用于昆明城市园林绿化中。

木兰科共有 26 种乔木，是所有科中乔木数量最多的。由于乡土性和树种的多样性，木兰科植物在园林绿化中得到了广泛的应用。但云南拟单性木兰、思茅玉兰、大果马蹄荷虽是云南省乡土树种却不适宜在昆明市种植。

金缕梅科有 4 种乔木，即马蹄荷、大果马蹄荷、枫香、红花荷，其中大果马蹄荷适宜种植于滇西、滇西南、滇东南海拔 500 ~ 2600 米的地区，不适宜在昆明市种植。

槭树科 4 种乔木（金江槭、青榨槭、小叶青皮槭、丽江槭），漆树科 3 种乔木（黄连木、清香木、野杧果），松科 3 种乔木（丽江云杉、大理冷杉、垂直油杉），都适宜在昆明市种植。

棕榈科有董棕、棕榈、高山蒲葵 3 种乔木，其中董棕只适宜种植于滇中以南（曲靖除外）的地区，不适宜在昆明市种植。

梧桐科有云南梧桐、苹婆、假苹婆 3 种乔木，其中苹婆、假苹婆只适宜种植于滇南及干旱河谷地区，不宜在昆明市种植。

桑科有高山榕、菩提树、波罗蜜 3 种乔木，其中菩提树、波罗蜜适宜种植于滇南、滇西南地区，不宜在昆明市种植。

山茱萸科的灯台树、鸡嗉子，山茶科的红花油茶、银木荷，杉科的秃杉、柳杉，无患子科的云南皮哨子、复羽叶栾，木樨科的蒙自桂花、桂花，大戟科的重阳木、乌桕，虎皮楠科的虎皮楠，紫葳科的滇楸，珙桐科的珙桐，银杏科

的银杏，榆科的滇朴，杜仲科的杜仲，杜英科的杜英，红豆杉科的云南红豆杉，罗汉松科的大理罗汉松，柏科的滇翠柏，七叶树科的云南七叶树，冬青科的小果冬青，鼠李科的拐枣，蝶形花科的肥荚红豆，杨柳科的滇杨，含羞草科的滇合欢，八角茴香科的八角，木棉科的木棉，都适宜在昆明市种植。

苏木科有云南紫荆、腊肠豆 2 种植物，其中腊肠豆只适宜种植于滇南、滇西南、滇东南等地区，不适宜在昆明市种植。

蓝果树科的喜树，杜鹃花科的凸尖杜鹃，也不适宜在昆明市种植。

（2）云南外来适宜乔木树种名录

第二部分“云南省外来适宜乔木树种名录”中共有 49 种乔木，隶属于 23 个科。

棕榈科的植物有 11 种，是所有科中植物种类最多的科。这 11 种植物是金山葵、蒲葵、鱼尾葵、椰子、大王椰、子扇叶糖棕、伊拉克蜜枣、油棕、假槟榔、加拿利海枣、华盛顿葵。只有蒲葵、伊拉克蜜枣、加拿利海枣、华盛顿葵适宜昆明市的气候环境。

木兰科有广玉兰、白玉兰、深山含笑、缅桂、北美鹅掌楸 5 种乔木，其中深山含笑和缅桂不适宜在昆明市种植。

蔷薇科的红叶李、樱桃、日本晚樱、枇杷，柏科的龙柏、塔柏，梧桐科的梧桐，樟科的天竺桂，山茶科的华东山茶，松科的雪松、日本五针松、金钱松，七叶树科的七叶树，杉科的北美红杉、池杉、水杉，金缕梅科的北美红枫，柿科的君迁子，杨柳科的垂柳，罗汉松科的竹柏，山龙眼科的银桦，红豆杉科的香榧，木樨科的伞树，柏科的美洲花柏，都适宜在昆明市种植。

苏木科的凤凰木、大花羊蹄甲，桑科的橡皮树、小叶榕，都不适宜在昆明市种植。

桃金娘科有红花桉、直干桉，千屈菜科有紫薇、大花紫薇，其中红花桉、大花紫薇不适宜在昆明市种植。

南洋杉科的南洋杉只适宜种植于滇中以南（昆明、曲靖除外）地区，因而也不宜用于昆明市城市绿化中。

（3）云南省适宜灌木、草本、藤本、竹类植物名录

第三部分为“云南省适宜灌木、草本、藤本、竹类植物名录”。

灌木名录中，蔷薇科有15种灌木，即中国月季花、中国玫瑰、野蔷薇、垂丝海棠、西府海棠、粉叶绣线菊、火把果、平枝栒子、小叶栒子、华西小石积、重瓣棣棠、榆叶梅、郁李、贴梗海棠、珍珠梅，都能适应昆明市的生长环境，在园林中常用作观赏植物、垂直绿化植物、植篱等。杜鹃花科有9种灌木，即马樱花、亮叶杜鹃、大白花杜鹃、云南杜鹃、映山红、红棕杜鹃、团花杜鹃、锈叶杜鹃、露珠杜鹃，也都能适应昆明市的生长环境，在园林中主要用作观赏树。柏科的垂枝柏、铺地柏，绣球花科的绣球花，忍冬科的鳞叶荚蒾、六道木、小叶六道木、琼花接骨木、锦带花，山茶科的云南山茶、西南山茶、厚皮香、茶梨、石笔木，小檗科的南天竹、红叶小檗、十大功劳，木樨科的云南黄素馨、小叶女贞、茉莉、丁香，漆树科的黄栌，茜草科的滇丁香、栀子、六月雪，五加科的鹅掌柴，芍药科的牡丹，木兰科的云南含笑，山茱萸科的红瑞木，冬青科的枸骨，桑科的无花果，棕榈科的散尾葵，紫茉莉科的叶子花，黄杨科的雀舌黄杨，苏木科的紫荆、黄槐，蝶形花科的金雀花，安石榴科的石榴，夹竹桃科的夹竹桃、鸡骨常山，苏铁科的苏铁，蜡梅科的蜡梅，百合科的凤尾兰，锦葵科的木芙蓉、木槿、扶桑，大戟科的一品红、山麻杆、红背桂、俏黄栌，除扶桑、红背桂、俏黄栌不宜在昆明市种植，其余均可应用。桃金娘科的红千层、垂枝红千层，茄科的红花曼陀罗，含羞草科的金合欢，楝科的米仔兰，马鞭草科的假连翘，都不宜在昆明市种植。

云南省适宜的草本名录中有12种植物，即地涌金莲、红芭蕉、垂盆草、狗牙根、白花三叶草、西南鸢尾、唐菖蒲、红花酢浆草、天竺葵、红花姜、大花美人蕉、云南报春。它们都能适应昆明市的气候环境，在园林中多用作地被植物，少数作为观赏植物。

云南省适宜的藤本名录中，豆科的紫藤、常春油麻藤、葛，葡萄科的爬山虎、三叶爬山虎、葡萄，猕猴桃科的猕猴桃，五味子科的五味子，木通科的

木通，毛茛科的铁线莲，卫矛科的南蛇藤，蔷薇科的粉团、荷花蔷薇，忍冬科的金银花，夹竹桃科的蔓长春花、络石，五加科的加拿利常春藤，桑科的地石榴，蓼科的何首乌，都能在昆明市种植。紫葳科有凌霄和炮仗花，其中炮仗花适宜种植于云南省南部，昆明市部分地区不适宜。

云南省适宜的竹类名录中有 13 种竹，即龙竹、紫竹、慈竹、黄金间碧玉竹、金竹、大佛肚竹、凤尾竹、云南方竹、人面竹、筇竹、苦竹、小琴丝竹、绵竹，均可用于昆明市城市园林绿化。

2. 2002 年版和 2010 年版《云南省城市绿化树种名录》比较

2010 年版《云南省城市绿化树种名录》由乔木、灌木、草本、藤本、竹类、水生植物 6 部分组成。其中乔木 219 种，灌木 117 种，草本 56 种，藤本 38 种，水生植物 27 种，竹类 14 种。每种树木都编有序号，标明名称、科别，在云南的分布地区、适宜地区，以及合适的用途等内容。2010 年版植物名录在 2002 年版的基础上增加了一些树种，为城市绿化树种的选择提供了更广阔的空间。

从这两版名录表分类看，2010 年版名录在 2002 年版的基础上多出了水生植物这一类别，此外，2002 年版名录将乔木这个大类分成了云南省地方特色乔木和云南省外来适宜乔木，而在 2010 年版名录中将两者合二为一，将乔木归为一个大类。2002 年版的这种细分法，有利于提高人们对于乡土树种的认知，也有利于乡土树种在园林中的应用进而展现当地文化，与此同时也推动了外来树种在园林中的应用，有利于为城市绿化增添新的内容。

从树种数量上看，2010 年版名录树种数量相比 2002 年版多出 199 种。其中乔木多了 73 种，灌木多了 38 种，草本多了 44 种，藤本多了 16 种，竹类多了 1 种，水生植物多了 27 种。

在 2010 年版《云南省城市绿化树种名录》中，乔木新增加了西府海棠、梅花、垂丝海棠、梨、苹果、花红、李、桃、碧桃、杏、聚花桂、大叶樟、长梗润楠、二乔玉兰、厚朴、龙女花、山茱萸、长圆叶梾木、脉叶虎皮楠、梓树、蓝花楹、白颜树、云南白颜树、榔榆、流苏树、白蜡树、女贞、油橄榄、秋枫、圆柏、日本花柏、绒柏、垂枝柏、昆明刺柏、日本扁柏、干香柏、柏木、藏柏、侧柏、枣树、刺桐、鹦哥花、刺槐、国槐、紫花羊蹄甲、云南皂荚、云南大叶柳、蓝果树、大叶榕、桑树、构树、柿树、茶梨、厚皮香等植物。在这些新增的植物中，蔷薇科和柏科各 10 种。蔷薇科这些树种中，除了梅花、苹果、花红不适宜昆明市气候外，其他的都是经过多年的实践经验证明能用于昆明市城市绿化的树种。而这些新增的植物说明了观花、观果植物在园林中的盛行趋势，以前果树只会出现在果园里，而现如今却可以将它们运用到城市绿化中，这有利于丰富城市绿化。柏科增加的植物除了昆明刺柏是乡土树种以外，其他都是外来引进树种，这些树种的增加便是引种驯化的成果。柏科植物一般用于造林当中，通常作为防护林，把柏科植物列入城市绿化树种名录中，也是城市环境越来越恶劣，柏科植物可以作为城市的“防护罩”的缘故。其他增加的植物大多为云南省外来树种，它们在长期的实践中适应了云南省的生长环境，在园林中景观效果好。

棕榈科是个特殊的类别。在这个科中，2010 年版名录去除了金山葵、蒲葵、椰子、大王椰子、扇叶糖棕、伊拉克蜜枣、油棕 7 种植物。这些被去除的植物都是热带树种，而昆明市属于温带、亚热带气候，目前这些树种一般都只在温室中栽植，不太适宜在城市绿化中使用，特别是无法承受早晚温差变化。

灌木新增了锦绣杜鹃、羊踯躅、牛筋条、麻叶绣线菊、金银忍冬、密花荚蒾、珍珠荚蒾、西南荚蒾、珊瑚树、尖叶木樨榄、馥郁滇丁香、垂花悬铃花、夜香树、瓶儿花、掌叶梁王茶、八角金盘、江边刺葵、细叶棕竹、光叶子花、黄杨、粉蕊黄杨、清香桂、鸡蛋花、云南苏铁、篦齿苏铁、攀枝花苏铁、夏蜡梅、桢桐、五色梅、山柑子、紫花溲疏、石海椒、虾子花、瑞香、金丝桃、金丝梅、大叶黄杨、美丽海柏等植物。这些种类大多为外来树种，经过多年的引种驯化适应了云南省的生长环境，而被列入云南省城市绿化名录表中。但是，在这些植物中，云南苏铁、篦齿苏铁、攀枝花苏铁、云南苏铁、篦齿苏铁、攀枝花苏铁、虾子花、夏蜡梅、羊踯躅、金银忍冬、珍珠荚蒾、西南荚蒾、江边刺葵、细叶棕竹并不适合在昆明市种植。

草本植物新增了肾蕨、芍药、花毛茛、三色堇、虎耳草、石竹、五色草、旱金莲、何氏凤仙、苏丹凤仙、美丽月见草、四季秋海棠、锦葵、蓬蒿菊、波斯菊、菊花、大丽菊、万寿菊、孔雀草、瓜叶菊、矮牵牛、一串红、鸭跖草、红球姜、百子莲、天门冬、玉簪、紫玉簪、萱草、麦冬、文殊兰、朱顶红、蜘蛛兰、石蒜、黄水仙、郁金香、葱兰、韭兰、小苍兰、扁竹兰、碧玉兰、虎头兰、西藏虎头兰、滇南虎头兰。其中，波斯菊、万寿菊、红球姜、碧玉兰、西藏虎头兰、滇南虎头兰不适合在昆明市种植。新增的这些草本植物在园林中主要用作花坛造景、盆景等。而在2002年版草本植物名录表中，只收录了在园林中作地被的草本，由此可见，城市绿化已经并不仅限于绿地种植，盆栽也越来越受到人们的追捧。特别是在大型会议、晚会、家庭居室、办公大楼中，盆栽的应用甚是广泛。草本植物植株矮小、叶形奇特、花叶鲜艳、扩张能力迅速，是很好的植物景观材料。

藤本新增了落葵、叶子花、光叶子花、西番莲、木香、重瓣白木香、重瓣黄木香、常绿蔷薇、鸡血藤、绒毛崖豆藤、薜荔、昆明山海棠、常春藤、素馨花、大纽子花、硬骨凌霄。其中，鸡血藤、薜荔不适宜在昆明市种植。这些新增的藤本植物也一样都为外来树种，是植物引种驯化的产物。

竹类只新增了麻竹，因适应昆明市的气候环境，并且具有较高的观赏价值，常用于庭院绿化中。

水生植物是2010年版名录中新增加的一个类别，共有27种植物。水生植物的增加是随着现代园林越来越追求生态、自然而诞生的。它不仅具有较高的观赏价值，而且通过吸附和转移污染物、富营养化物质来净化和改善水质，是城市生态水景设计的必需元素。在当前水资源不断减少、水生态环境被破坏的情况下，水生植物的作用尤为重要。水生植物的出现为园林绿化开辟了新的篇章。

总之，这些变化都是在多年的实践中得出来的，不适宜云南省城市绿化的植物被名录去除，相反在云南省城市绿化中应用效果较好的植物被列入名录中。因此，该名录可作为指导云南省城市绿化的有效工具。

二、昆明市适生园林植物分析

1. 昆明市适生乔木名录

乔木形体高大，枝叶繁茂，绿量大，生长年限长，景观效果突出，在植物造景中占有举足轻重的地位。2010 年版《云南省城市绿化树种名录》中乔木有 219 种，涵盖 59 个科，囊括了云南省乡土树种和外来引种驯化植物，适合昆明市的乔木有 180 多种。昆明市城市绿化骨干乔木有香樟、滇润楠、石楠、云南樟、雪松、云南油杉、华山松、云南松、滇朴、枫香、水杉、黄连木、悬铃木、银杏、棕榈、海枣等。在这些乔木中应用数量比较多的科有木兰科、蔷薇科、柏科、樟科、桑科、棕榈科等，尤以木兰科的植物数量最多。表 7–1 列举了适宜昆明市种植的木兰科植物。

表 7–1　昆明适生木兰科乔木名录

序号	中文名	拉丁名	科	主要分布地	云南适宜地区	用途
1	山玉兰	*Lirianthe delavayi*	木兰科	中国云南省	滇中、滇西、滇西北、滇东南	行道树、观赏植物
2	广玉兰	*Magnolia grandiflora*	木兰科	北美	云南省各地	行道树、观赏植物
3	白玉兰	*Yulania denudata*	木兰科	中国长江流域	云南省各地	观赏植物
4	红花山玉兰	*Magnolia delavayi* var. *rubra*	木兰科	中国云南省中部	滇中、滇西、滇西北、滇东南	行道树、观赏植物
5	滇藏木兰	*Magnolia campbellii*	木兰科	中国云南省西部	滇西北、滇中，海拔 1700 ~ 2500 米	观赏植物
6	馨香木兰	*Yulania odoratissima*	木兰科	中国云南省腾冲县、丽江市、维西县	滇中、滇西、滇东南	观赏植物
7	广南木兰	*Lirianthe chontianensis*	木兰科	中国云南省广南县、麻栗坡县	滇中、滇南、滇东南	观赏植物

续表

序号	中文名	拉丁名	科	主要分布地	云南适宜地区	用途
8	二乔玉兰	*Magnolia × soulangeana*	木兰科	中国各地	云南省各地	观赏植物
9	厚朴	*Houpoeq officinalis*	木兰科	中国云南省西北部及西南部	云南省滇中以北	造林树、观赏植物
10	龙女花	*Magnolia wilsonii*	木兰科	中国四川省中部和西部、云南省北部	海拔 1900 ~ 3300 米	观赏植物
11	峨眉含笑	*Michelia wilsonii*	木兰科	中国云南省	滇东南、滇南、滇西南、滇中以北	行道树、观赏植物
12	麻栗坡含笑	*Michelia chartacea*	木兰科	中国云南省文山壮族苗族自治州	滇东南、滇南、滇西南、滇中	行道树、遮阴树、观赏植物
13	富宁含笑	*Michelia funjngensis*	木兰科	中国云南省文山壮族苗族自治州	滇东南、滇南、滇中，海拔 1000 ~ 2200 米	行道树、观赏植物
14	金叶含笑	*Michelia foveolata*	木兰科	中国云南省文山壮族苗族自治州	滇东南、滇中、滇西	观赏植物
15	高大含笑	*Michelia giganfa*	木兰科	中国云南省文山壮族苗族自治州	滇东南、滇东、滇中，海拔 1100 ~ 2200 米	行道树、观赏植物
16	多花含笑	*Michelia floribunda*	木兰科	中国云南省腾冲县、马关县、西畴县	滇中、滇东南、滇西北，海拔 1000 ~ 2300 米	行道树、观赏植物
17	马关含笑	*Michelia opipara*	木兰科	中国云南省马关县、西畴县、麻栗坡县	滇中、滇东南、滇西、滇南，海拔 1000 ~ 2300 米	行道树、观赏植物
18	广南含笑	*Michelia guangnanensis*	木兰科	中国云南省广南县	滇中、滇东南、滇南、滇西北，海拔 1000 ~ 2200 米	行道树、观赏植物
19	西畴含笑	*Michelia coriacea*	木兰科	中国云南省西畴县、麻栗坡县	滇中、滇东南、滇南、滇西，海拔 1000 ~ 2200 米	行道树、观赏植物
20	毛果含笑	*Michelia sphaerantha*	木兰科	中国云南省	滇中、滇西、滇南	行道树、观赏植物
21	木莲	*Manglietia fordiana*	木兰科	中国云南省腾冲县	滇中、滇东南、滇西北，海拔 1500 ~ 2600 米	行道树、遮阴树、观赏植物

续表

序号	中文名	拉丁名	科	主要分布地	云南适宜地区	用途
22	红花木莲	*Manglietia insignis*	木兰科	中国云南省文山壮族苗族自治州	滇中、滇西北、滇东南、滇中南，海拔 1500 ~ 2600 米	行道树、遮阴树、观赏植物
23	大叶木莲	*Manglietia megaphylla*	木兰科	中国云南省西畴县、马关县	滇中、滇东南、滇南，海拔 1000 ~ 2000 米	行道树、观赏植物
24	大果木莲	*Manglietia grandis*	木兰科	中国云南省马关县、西畴县、麻栗坡县	滇东南、滇南、滇中、滇西南，海拔 1000 ~ 2000 米	行道树、观赏植物
25	马关木莲	*Manglietia maguanica*	木兰科	中国云南省马关县	滇东南、滇中、滇西，海拔 1000 ~ 2300 米	行道树、观赏植物
26	腾冲木莲	*Manglietia tengchongensis*	木兰科	中国云南省腾冲县	滇中、滇东南、滇西北，海拔 1000 ~ 2300 米	行道树、观赏植物
27	滇桂木莲	*Manglietia forrestii*	木兰科	中国云南省腾冲县、龙陵县、云龙县、西畴县、麻栗坡县	滇中、滇东南、滇西北，海拔 1200 ~ 2300 米	行道树、观赏植物
28	香木莲	*Manglietia aromatica*	木兰科	中国云南省西畴县、马关县、麻栗坡县	滇东南、滇中、滇南，海拔 1000 ~ 2200 米	行道树、观赏植物
29	鹅掌楸	*Liriodendron chinense*	木兰科	中国云南省	滇东南、滇东、滇中，海拔 1100 ~ 2100 米	行道树、遮阴树、观赏植物
30	北美鹅掌楸	*Liriodendron tulipifera*	木兰科	美国	滇中以北	行道树、遮阴树、观赏植物

木兰科植物不仅树姿优美、花叶秀丽，而且许多种类有较强的抗污染能力。例如：白玉兰、二乔玉兰有较强的抗二氧化硫的能力；鹅掌楸、含笑对氯气具有较强的抗性；广玉兰则有很强的吸滞粉尘的能力。它们适宜用于工矿区绿化。居住区由于绿地面积、空间相对较小，加之立地条件差，人为活动破坏大，故在绿化布局上需选择一些树体小巧或中等、适应性强而又具有较高观赏价值的植物。例如含笑球等，不但花朵娇艳芳香，形态优美，而且能够适应在

居民生活区内生长。

山玉兰又名优昙花，为木兰科木兰属常绿乔木，冠幅较大，花乳白色，芳香，花期4月至5月，多产于滇中、滇西、滇南等地海拔1800～2600米的阔叶林中。山玉兰生长良好，适应性强，基本无病虫害，在昆明市应用较多。例如：在昙华寺、云南省建工医院、昆明理工大学、云南师范大学等地作为园景树，应用效果较好，树高2～12米，冠幅3～12米；在安宁市的洪源路和东华小区内用作行道树，长势虽好，但枝叶开张角度较大，影响行人走路，景观效果欠佳。山玉兰丛生性强，主干不明显、不直，分枝低，因此不宜作为行道树。中轻依兰（集团）有限公司内污染较重的厂区，其他植物已不能正常生长，而山玉兰叶片上虽已覆满白色粉尘，却依然生长旺盛，表现出与众不同的适应能力，可见它是工矿区绿化不可缺少的乡土观赏树种。

红花木莲为木兰科木莲属常绿乔木，花红色，芳香，花期5月至6月，多产于滇南、滇中等地海拔1500～2600米的山地阔叶林中，在昆明世界园艺博览园、关育路等地有应用，树高3～5米，冠幅2～4米，生长良好，终年浓荫。红花木莲作行道树、园景树、庭荫树都能取得较好的效果，有很好的应用前景。

云南含笑又叫皮袋香，为木兰科含笑属常绿灌木或小乔木，花白色，芳香，花期1月至4月，多产于滇中、滇东南、滇西等地海拔1600～2500米的林下及灌丛中。云南含笑无论在自然状态还是在园林环境中，多呈灌木状，而在昆明世界园艺博览园树木园中，却以高约4米的乔木出现，给人一种新奇感；西南林业大学教学楼旁的云南含笑经整形修剪后侧枝萌发力强，造型效果很好，成为一种优良的绿篱和植物造型材料。

2. 昆明市适生灌木名录

灌木是指树木体形较小，主干低矮或茎干自地面呈多生枝条而无明显主干的植物。在园林应用中，灌木通常指具有美丽芳香花朵、色彩丰富的叶片或诱人可爱的果实等的观赏性植物。2010年版《云南城市绿化树种名录》中收录了117种灌木，涵盖39个科，适宜昆明市种植的灌木有90多种。其中蔷薇科的灌木种类最多，其次是杜鹃花科、忍冬科、木樨科、山茶科和黄杨科等。灌木在园林中的绿化特点有：种类多，株型、高矮、花色变化大，花期长，抗性强，效果持久，栽培容易以及具有良好的固土护坡作用。表 7–2 列举了昆明市绿化中常用的灌木。

表 7–2　昆明市常用灌木名录

序号	中文名	拉丁名	科	主要分布地	云南适宜地区	用途
1	苏铁	*Cycas revoluta*	苏铁科	中国华南	滇中、滇南、滇西	观赏植物
2	千头柏	*Platycladus orientalis 'Sieboldii'*	柏科	中国	云南各地	观赏植物
3	云南含笑	*Michelia yunnanensis*	木兰科	中国云南省中部、西北、东南	滇中、滇东南、滇西北	观赏植物
4	红叶小檗	*Berberis thunbergii 'Atropurpurea'*	小檗科	日本	云南各地	绿篱植物
5	十大功劳	*Mahonia fortunei*	小檗科	中国云南省	除热区外，云南省各地	绿篱植物
6	南天竹	*Nandina domestica*	小檗科	中国、日本	云南省各地	观赏植物
7	绣球花	*Scadoxus pole-evansii*	虎耳草科	中国	云南省各地	观赏植物
8	茶梅	*Camellia sasanqua*	山茶科	中国东南	云南省各地	观赏植物
9	木芙蓉	*Hibiscus mutabilis*	锦葵科	中国云南省	云南省各地	观赏植物
10	木槿	*Hibiscus syriacus*	锦葵科	中国、印度、叙利亚	云南省各地	观赏植物
11	贴梗海棠	*Chaenomeles speciosa*	蔷薇科	中国中部	云南省各地	观赏植物
12	蜡梅	*Chimonanthus praecox*	蜡梅科	中国	云南省各地	观赏植物
13	紫荆	*Cercis chinensis*	苏木科	中国湖北省西部	滇中以北	观赏植物
14	黄槐	*Senna surattensis*	苏木科	印度、印度尼西亚	滇中、滇东、滇南、滇西	行道树、观赏植物
15	黄杨	*Buxus sinica*	黄杨科	中国各地	云南省各地	观赏植物

续表

序号	中文名	拉丁名	科	主要分布地	云南适宜地区	用途
16	无花果	*Ficus carica*	桑科	地中海沿岸	云南省各地	观赏植物
17	枸骨	*Ilex cornuta*	冬青科	中国长江中下游地区	云南省各地	观赏植物
18	石榴	*Punica granatum*	石榴科	伊朗	云南省各地	行道树、观赏植物
19	鹅掌柴	*Heptapleurum peptaphyllum*	五加科	中国广东省、福建省	滇中、滇南、滇西	观赏植物
20	八角金盘	*Fatsia japonica*	五加科	中国长江以南地区	云南省各地	观赏植物
21	马缨花	*Rhododendron delavayi*	杜鹃花科	中国云南省	云南省各地，海拔1000 ~ 2900米	观赏植物
22	云南杜鹃	*Rhododendron yunnanense*	杜鹃花科	中国云南省中西部、东北部	滇中、滇西、滇东北	观赏植物
23	云南黄素馨	*Jasminum mesnyi*	木樨科	中国云南省	云南省各地	绿篱植物
24	金叶女贞	*Ligustrum × vicaryi*	木樨科	西欧	云南各地	绿篱植物
25	夹竹桃	*Nerium oleander*	夹竹桃科	伊朗	滇中、滇西、滇南、滇东	观赏植物
26	栀子	*Gardenia jasminoides*	茜草科	中国云南省	滇中、滇南、滇西南	观赏植物
27	滇丁香	*Luculia pinceana*	茜草科	中国云南省南部	滇中、滇西、滇西南、滇东南、滇南	观赏植物
28	六月雪	*Serissa japonica*	茜草科	中国中部	滇中、滇西南、滇东、滇西	地被植物、绿篱植物
29	小叶六道木	*Abelia uniflora*	忍冬科	中国云南省西部、中部	滇中、滇西、滇南，海拔1300 ~ 2600米	观赏植物
30	木本曼陀罗	*Brugmansia arborea*	茄科	中国福建省福州市、广东省广州市及云南省	滇中以南	观赏植物
31	五色梅	*Lantana camara*	马鞭草科	美洲热带，中国东南部、西南部	云南省各地	观赏植物
32	凤尾兰	*Yucca gloriosa*	天门冬科	北美洲东部、东南部	滇中、滇南	观赏植物

续表

序号	中文名	拉丁名	科	主要分布地	云南适宜地区	用途
33	散尾葵	*Dypsis lutescens*	棕榈科	马达加斯加	滇中、滇南、滇西南、滇东南	观赏植物

目前，昆明市绿地中的灌木，根据功能主要分为四大类：地被类灌木、造型类灌木、植篱类灌木、观花果类灌木。同一种灌木的应用类型可以是多重性的。

①地被类灌木。这类灌木要求植株较为低矮，耐修剪。常用的种类为十大功劳、迎春花、火棘、铺地柏、萼距花、杜鹃、千头柏、小叶栀子、月季花、八角金盘和六月雪等。

②造型类灌木。这类灌木一般具有较好的自然形态或易被修剪成圆形、柱形及其他形态，一般在多层次的灌木造景中处于中层的位置。种植方式多采用散植、列植。常用的种类有海桐、山茶、红花檵木、枸骨、紫薇、迎春花、夹竹桃、苏铁、雀舌黄杨、冬青卫矛和蜡梅等。

③植篱类灌木。这类灌木大多耐修剪，有一定的高度，主要种类有小叶女贞、十大功劳、红花檵木、栀子、小叶黄杨、杜鹃、夹竹桃、雀舌黄杨和冬青卫矛等。

④观花果类灌木。这类灌木的花、果较有特色，是主要的观赏部位，主要种类有绣球花、扶桑、红花檵木、夹竹桃、金丝桃、马缨花、木本曼陀罗、木芙蓉、木槿、云南含笑、杜鹃、栒子、茶梅、迎春花、月季花、桂花、滇丁香、米仔兰、蜡梅、贴梗海棠、紫薇、石榴、火棘、枸骨、南天竹、假连翘和海桐等。

灌木作为乔木与地被之间的过渡层，在园林中起到承上启下的作用，其多方面的观赏特性，如观果、观叶、芳香、单独和群体造型等，能给人以各种不同的感官享受，感染人们的心情。在绿地植物群落中，有了灌木这个层次，不仅能丰富群落的垂直结构层次，改进和增强植物景观效果，而且还能提高植物群落的生物多样性，提高生态效益。

3. 昆明市适生草本名录

草本通常分为一年生草本、二年生草本和多年生草本。其中一、二年生草本植物开花鲜艳，片植、群植可形成大的色块，有利于渲染出热烈的气氛；多年生草本植物具有宿根性，开花见效快，色彩万紫千红，形态优雅多姿，且可粗放管理，在地被植物中占有很重要的地位。昆明市绿化中的草本植物多为多年生草本植物，例如昆明世界园艺博览园入口处的模纹花坛中应用较多。草本植物是城市绿化树种的一个大类群，应予以大量运用。

2010 年版《云南城市绿化树种名录》中的草本植物大多为外来引种驯化植物，共有 56 种，适宜昆明市种植的有近 50 种，在园林绿化中主要作地被植物、观赏植物、花坛造景植物、盆景等。在这些草本植物中，种类比较多的有石蒜科、菊科以及百合科植物。表 7–3 列举了昆明市常用草本植物。

表 7–3　昆明市常用草本植物名录

序号	中文名	拉丁名	科	主要分布地	云南适宜地区	用途
1	肾蕨	*Nephrolepis cordifolia*	肾蕨科	中国福建省、广东省、海南省、广西壮族自治区、贵州省、云南省等地	云南省大部分地区	观赏植物
2	三色堇	*Viola tricolor*	堇菜科	中国各地	云南省各地	观赏植物
3	虎耳草	*Saxifraga stolonifera*	虎耳草科	中国大部分地区	滇中、滇东、滇西，海拔 400 ~ 4500 米	观赏植物
4	天竺葵	*Pelargonium hortorum*	牻牛儿苗科	非洲南部	云南各地	地被植物
5	红花酢浆草	*Oxalis corymbosa*	酢浆草科	南美洲	云南各地	地被植物
6	旱金莲	*Tropaeolum majus*	旱金莲科	中国广东省、广西壮族自治区、云南省、贵州省、四川省	滇中、滇西南、滇东南	庭院或温室观赏植物
7	四季秋海棠	*Begonia cucullata*	秋海棠科	中国大部分地区	云南省各地	观赏植物、盆栽植物
8	白花三叶草	*Trifolium repens*	豆科	欧洲	云南省各地	地被植物

续表

序号	中文名	拉丁名	科	主要分布地	云南适宜地区	用途
9	菊花	*Dendranthema morifolium*	菊科	中国大部分地区	云南省各地	花坛植物、盆景植物
10	矮牵牛	*Petunia hybrida*	茄科	中国大部分地区	云南省各地	观赏植物、盆栽植物
11	一串红	*Salvia splendens*	唇形科	中国各地	云南省各地	观赏植物、盆栽植物
12	地涌金莲	*Musella lasiocarpa*	芭蕉科	中国云南省中部、西部	滇中、滇南和干热河谷	观赏植物
13	大花美人蕉	*Canna generalis*	美人蕉科	美洲热带和亚热带地区	云南省各地	地被植物
14	天门冬	*Asparagus cochinchinensis*	百合科	中国华东、中南、西南	云南省各地	观赏植物
15	萱草	*Hemerocallis fulva*	阿福花科	中国大部分地区	云南省大部分地区	观赏植物
16	麦冬	*Ophiopogon japonicus*	天门冬科	中国东南、西南	云南省大部分地区	观赏植物
17	蜘蛛兰	*Hymenocallis americana*	石蒜科	西印度群岛	滇中	观赏植物、盆栽植物
18	葱兰	*Zephyranthes candida*	石蒜科	南美洲	云南省大部分地区	观赏植物、盆栽植物
19	小苍兰	*Freesia refracta*	鸢尾科	中国大部分地区	云南省各地	地被植物
20	唐菖蒲	*Gladiolus gandavensis*	鸢尾科	非洲热带、地中海地区	云南省各地	地被植物
21	西南鸢尾	*Iris bulleyana*	鸢尾科	中国云南省西北部、中部	滇中以北	地被植物
22	扁竹兰	*Iris confusa*	鸢尾科	中国广西壮族自治区、四川省、云南省	滇中	地被植物
23	虎头兰	*Cymbidium hookerianum*	兰科	中国广西壮族自治区、四川省、贵州省、云南省和西藏自治区等地	云南省各地	地被植物

草本植物植株低矮，株形紧凑，紧贴地面，有很强的耐阴性，既能保水保

肥，又能保持土壤良好的理化性质，还可增加景观特色，因此在园林中得到了广泛的应用。草本植物在园林绿化中有以下作用：

①覆盖露地，形成景观。草本植物与乔木、灌木的配植，既充分利用并覆盖了乔木和灌木下裸露的土壤，从而美化了环境，也形成了良好的视觉景观，如肾蕨、红花酢浆草、麦冬等。

②减少水土流失和水分蒸发。草本植物多为片植或群植，根系繁多且有利于紧紧“抓”住土壤，防止表土流失，常用的植物有麦冬、萱草、天门冬、金边麦冬等。

③改良土壤理化性状和肥力。草本植物根部的发育，促进了根际间微生物的大量繁殖和活动，有利于改善土壤的理化性状和肥力，如白花三叶草。

④净化空气，减少污染。草本植物不仅能提高叶面积指数，而且可以吸收有害气体和吸附灰尘，如葱兰、黑麦草等。

4. 昆明适生藤本名录

藤本植物是指茎细长，缠绕或攀缘他物上升的植物。在城市绿化中利用藤本植物进行垂直绿化可以拓展城市绿化空间，提高城市绿化水平，改善城市生态环境。利用藤本植物进行垂直绿化，占地少、见效快、绿化率高，不仅能够拓展园林空间，弥补平地绿化之不足，还可丰富绿化景观，增加植物景观层次的变化，增加城市建筑的艺术效果，使之与环境更加协调统一，使环境更加整洁美观、生动活泼。

2010 年版《云南省城市绿化树种名录》中藤本有 38 种，适宜昆明市种植的藤本有 36 种。其在园林中主要用于垂直绿化，有些种类兼有地被植物的功能。藤本植物具有浓厚的地方色彩，并且育苗容易，抗逆性及环境适应能力强，占地少，而且具有隔热增湿、除尘杀菌等生态功能，能很好地覆盖任何平面，这是相比乔木、灌木或草本植物的一大优势，因而在城市垂直绿化中得以广泛运用。表 7–4 列举了昆明市绿化中常用的藤本植物。

表 7–4 昆明市常用藤本名录

序号	中文名	拉丁名	科	主要分布地	云南适宜地区	用途
1	五味子	*Schisandra chinensis*	五味子科	中国东北、华北以及江西省、四川省	云南省各地	垂直绿化植物
2	铁线莲	*Clematis* ssp.	毛茛科	北半球居多，中国以西南地区最多	云南省各地	垂直绿化植物、地被植物
3	木通	*Akebia quinata*	木通科	中国长江流域、华南、东南沿海	云南省各地	垂直绿化植物
4	落葵	*Basella alba*	落葵科	中国大部分地区	云南省各地	垂直绿化植物
5	叶子花	*Bougainvillea spectabilis*	紫茉莉科	巴西	除滇西北外的云南省各地	观赏植物、垂直绿化植物
6	常春油麻藤	*Mucuna sempervirens*	豆科	中国西南、中南以及台湾省	滇中、滇南	垂直绿化植物
7	紫藤	*Wisteria sinensis*	豆科	中国	云南省各地	垂直绿化植物
8	地石榴	*Ficus tikoua*	桑科	中国云南省中部	云南省各地	地被植物
9	爬山虎	*Parthenocissus tricuspidata*	葡萄科	中国黄河流域	云南各地	垂直绿化植物
10	葡萄	*Vitis vinifera*	葡萄科	中国大部分地区	滇中、滇西南	垂直绿化植物
11	常春藤	*Hedera nepalensis* var. *sinensis*	五加科	中国华中、华东、华南、西南以及甘肃省、西藏自治区	云南省各地	垂直绿化植物
12	素馨花	*Jasminum grandiflorum*	木樨科	中国云南省、四川省、西藏自治区	滇中、滇西北，海拔约 1800 米	垂直绿化植物
13	蔓长春花	*Vinca major*	夹竹桃科	地中海地区、印度地区和美洲热带地区	云南省各地	垂直绿化植物
14	络石	*Trachelospermum jasminoides*	夹竹桃科	中国东南部	云南省各地	垂直绿化植物
15	金银花	*Lonicera japonica*	忍冬科	中国南北	云南省各地	垂直绿化植物
16	凌霄	*Campsis grandiflora*	紫葳科	中国中部	云南省各地	垂直绿化植物
17	炮仗花	*Pyrostegia venusta*	紫葳科	巴西	云南省南部	垂直绿化植物

藤本植物在城市绿化中的具体应用形式主要有墙体绿化、构架绿化、立交桥绿化、覆盖地面绿化、阳台绿化等。

墙体绿化是指用藤本植物对建筑物墙体和各种实体围墙进行绿化。由于不同藤本植物的吸附能力不同，应根据墙面的具体特点选择合适的植物。墙体绿化可在墙顶或墙面设种植槽或种植池，种植具有蔓性的藤本植物，如常春藤、木香等。爬山虎的吸附能力很强，在墙面绿化中应用广泛。

构架绿化是指对城市灯柱、廊柱、道路护栏、建筑前围栏、大树干等进行绿化。缠绕类、吸附类的藤本植物最常用，如凌霄、络石、西番莲等。

立交桥绿化是指在桥梁上配置有观赏价值的植物，装饰美化桥立面。立交桥占地少，绿化空间也较少，所处的位置大多交通繁忙，汽车尾气、粉尘污染严重，土壤条件差，应当选用适应性强、抗污染并耐阴的树种。而藤本植物占地少、绿化面积大、适应性强，栽植养护简单，适于在污染相对严重的立交桥周围进行绿化。

覆盖地面植被在园林中主要是用来加固泥土，防止水土流失的。这种植物依靠根茎与土壤间的附着力以及根茎间的互相缠绕来达到加固边坡、提高地表抗冲刷的能力，还可以保护生态、美化环境。一般选用易生根且叶片较大的爬山虎、凌霄、扶芳藤等藤本植物。

阳台绿化是城市垂直绿化的重要组成部分，既能美化生活空间环境，又有助于改善室内空间的小气候。在阳台的一角，可以设置花槽或花盆架种植藤本植物进行绿化。

上述绿化方式在昆明应用目前还不是很广泛，为了争创园林城市、扩大绿化面积，应当积极倡导城市垂直绿化。要想完美发挥攀缘植物的垂直绿化效果，还应该考虑其开花时的色彩美、姿态美，另外还应注重与周围环境搭配是否协调，是否能够被大多数人接受并且喜欢。

5. 昆明市适生竹类名录

竹类是植物中形态构造较独特的类群之一。2010 年版《云南省城市绿化树种名录》中适宜绿化应用的竹类有 14 种，均适宜昆明市种植，种类虽然不多，但在园林绿化中具有重要作用。竹类植物四季常青，风姿卓雅，挺拔俊秀，婀娜多姿，独具内韵，加之其有虚心有节、宁折不屈的品质，历来都是文人墨客、绘画大师们的青睐之物。中国竹文化深厚的意蕴对竹子造景的产生和发展起了很大的推动作用，使竹子在中国园林中运用相当广泛，成为中国园林的特色之一。表 7–5 列举了适宜昆明市种植的竹类。

表 7–5　昆明市适宜的竹类名录

序号	中文名	拉丁名	科	分布	云南适宜地区	用途
1	黄金间碧玉竹	*Bambusa vulgaris* 'Vittata'	禾本科	中国云南省、广东省、广西壮族自治区	滇东南、滇中、滇南、滇西	庭院观赏植物
2	大佛肚竹	*Bambusa vulgaris* 'Wamin'	禾本科	中国云南勐腊县、景洪市、广东省、广西壮族自治区	滇东南、滇中、滇南、滇西	庭院观赏植物
3	凤尾竹	*Bambusa multiplex* 'Fernleaf'	禾本科	中国长江以南	滇东南、滇中、滇南、滇西	庭院观赏植物
4	小琴丝竹	*Bambusa multiplex* 'Alphonse-Karri'	禾本科	中国云南省昆明市、广东省、广西壮族自治区、四川省	滇中以南	庭院观赏植物
5	绵竹	*Bambusa intermedia*	禾本科	中国云南省东南部、中南部、楚雄	滇中、滇西、滇东南、滇中南	庭院观赏植物
6	麻竹	*Dendrocalamus latiflorus*	禾本科	中国福建省、广东省、广西壮族自治区、云南省、贵州省、四川省等	滇中、滇南、滇东南、滇西南	庭院观赏植物
7	龙竹	*Dendrocalamus giganteus*	禾本科	中国华南、黔南、滇东南	滇东南、滇中、滇南、滇西	庭院观赏植物、防护林
8	人面竹	*Phyllostachys aurea*	禾本科	中国长江中下游	滇中	庭院观赏植物
9	金竹	*Phyllostachys sulphurea*	禾本科	中国长江以南	滇东南、滇中、滇南、滇西	庭院观赏植物
10	紫竹	*Phyllostachys nigra*	禾本科	中国长江以南地区	滇中以南	庭院观赏植物
11	慈竹	*Bambusa emeiensis*	禾本科	东南亚、日本，以及中国华南、西南	滇东南、滇中、滇南、滇西	庭院观赏植物

续表

序号	中文名	拉丁名	科	分布	云南适宜地区	用途
12	云南方竹	*Chimonobambusa yunnanensis*	禾本科	中国贵州省、云南省	滇西北、滇中、滇东北	庭院观赏植物
13	筇竹	*Chimonobambusa tumidissinoda*	禾本科	中国四川省、云南省	滇东北、滇中	庭院观赏植物
14	苦竹	*Pleioblastus amarus*	禾本科	中国长江流域地区	滇东北、滇中	庭院观赏植物

竹类园林植物具有很多优点：①形态优美，具有很高的观赏性；②生性强健，不畏空气污染和酸雨，能净化空气；③具有庞大的地下根系，保持水土能力很强；④竹林的屏障具有较好的防风、抗震能力，生态效益十分明显；⑤属于常绿树种，不易开花，无花粉散播；⑥繁殖容易，养护管理费用低；⑦不同种类高矮、叶形、姿态、色泽各异，用于景致搭配效果理想。因此，在园林绿化中竹类的作用不容忽视。

竹与水在园林中常常被用在一起。昆明世界园艺博览园的竹类专题园临湖栽植有大片竹林，竹子种类和形态多样，形成了一道独特美丽的风景线。江东花园和荷塘月色小区中，在人工湖周围栽植慈竹，美景掩映于水体之中形成倒影，在河岸造成荫蔽效果供游人纳凉休憩。其利用竹与水相结合来打造景观，利用竹的直立与水体表面的平整相对比，尽展竹与水体的完美景致。

竹与石在园林中也常常被用在一起。昆明市黑龙潭公园出口处的“竹石图”小品，把竹与石的比例处理得恰到好处，筇竹植于石顶，给人以清幽淡雅之感。银海森林居住区以麻竹植于大门入口处主景区，后配山石水景，形成郁郁葱葱之感。植物园百草园中叠石景观旁栽植有 4 丛慈竹，让人觉得其像卫士一样，守卫着水中精灵。

竹与园林建筑相搭配是园林造景中的常用手法。竹与建筑搭配，既可以使竹的中性色彩绿色来显衬建筑的灰白亮丽，又可以利用竹的枝柔叶软来软化僵硬呆板的建筑线条。昆明世界园艺博览园竹类专题园中建筑旁的竹丛配景，无不道尽竹与建筑搭配的独特韵味。此外竹与建筑的搭配还可形成私密的空间，如昆明市月牙塘小区沿围墙四周栽植金竹，就起到了很好的阻挡分隔空间的效果。

6. 昆明市适生水生植物名录

水生植物是指生长于水体中、沼泽地中的观赏植物。其对水分的要求和依赖远远大于其他各类，因此这也构成了独特的习性。水生植物构成的园林景观给人一种清新、舒畅的感觉，是园林庭院水景观赏植物的重要组成部分。

2010年版《云南省城市绿化树种名录》中水生植物有27种，适宜昆明市种植的有23种。有些种类虽不常用，但却是园林绿化中不可缺少的一部分。水生植物能够给人一种清新、舒畅的感觉，人们不仅可以观色、闻香，还能赏姿，并可欣赏其映照在水中的倒影。挺水型、浮叶型、漂浮型、沉水型及滨水植物具有不同的姿韵。表7–6列举了昆明市适宜的水生植物。

表7–6　昆明市适宜的水生植物名录

序号	中文名	拉丁名	科	分布	云南适宜地区	用途
1	香蒲	*Typha orientalis*	香蒲科	中国东北、华北、西北、华中、华南	云南省各地	观赏植物
2	菰	*Zizania latifolia*	禾本科	中国东北、东南、西南	云南省各地	固堤植物、食用植物
3	水葱	*Schoenoplectus tabernaemontani*	莎草科	中国东北、西北、西南	滇西北、滇中、滇东南	观赏植物
4	荷花	*Nelumbo nucifera*	睡莲科	中国南部、北部	云南省各地	观赏植物、食用植物
5	睡莲	*Nymphaea tetragona*	睡莲科	中国大部分地区	云南省各地	观赏植物
6	旱伞草	*Cyperus involucratus*	莎草科	中国南部、北部	滇中、滇西南、滇东南、滇南	观赏植物
7	马蹄莲	*Zantedeschia aethiopica*	天南星科	中国东南、西南、秦岭地区	滇中、滇西南、滇东南、滇南	观赏植物
8	凤眼莲	*Eichhornia crassipes*	雨久花科	中国河北省至华南、西南各省区	滇中、滇西南、滇东南、滇南，海拔200 ~ 1500米	观赏植物、监测环境污染植物

续表

序号	中文名	拉丁名	科	分布	云南适宜地区	用途
9	花菖蒲	*Iris ensata* var. *hortensis*	鸢尾科	中国、日本及朝鲜	滇中、滇西北	观赏植物
10	再力花	*Thalia dealbata*	竹芋科	美国南部、墨西哥	滇中、滇南、滇西南、滇东南	观赏植物
11	芦竹	*Arundo donax*	禾本科	中国长江以南	滇中、滇南、滇西南、滇东南	观赏植物
12	朱顶红	*Hippeastrum rutilum*	石蒜科	中国江南各区	云南省各地	观赏植物
13	水蓼	*Persicaria hydropiper*	蓼科	中国南北各省区	云南省各地	观赏植物
14	千屈菜	*Lythrum salicaria*	千屈菜科	中国云南省、贵州省、四川省、湖南省、陕西省、江西省、江苏省	云南省各地	观赏植物
15	美人蕉	*Canna indica*	美人蕉科	中国南部、北部	云南省各地	观赏植物
16	华凤仙	*Impatiens chinensis*	凤仙花科	中国浙江省、安徽省、广东省、广西壮族自治区、云南省	滇中、滇南、滇西南、滇东南，海拔 100 ~ 1200 米	观赏植物
17	海芋	*Alocasia odora*	天南星科	中国西南、东南	滇中、滇南、滇西南、滇东南，海拔 1700 米以下	观赏植物
18	萍蓬草	*Nuphar pumilum*	睡莲科	中国东北以及河北省、江苏省、浙江省等	云南省各地	观赏植物
19	慈姑	*Sagittaria trifolia* subsp. *leucopetala*	泽泻科	中国长江以南	云南省各地	观赏植物
20	针蔺	*Eleocharis valleculosa* var. *setosa*	莎草科	中国云南省、贵州省、四川省以及东南地区	云南省各地	观赏植物
21	黄菖蒲	*Iris pseudacorus*	鸢尾科	原产欧洲，中国各地都有分布	云南省各地	观赏植物
22	白花梭鱼草	*Pontederia cordata* var. *alba*	雨久花科	原产北美，中国各地都有分布	滇中、滇南、滇西南、滇东南	观赏植物

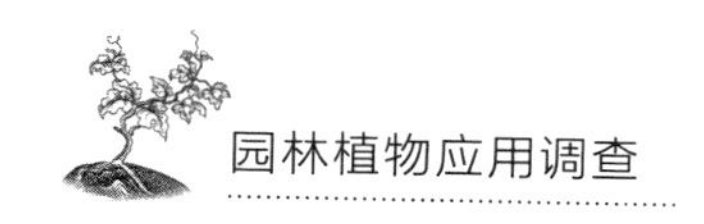

续表

序号	中文名	拉丁名	科	分布	云南适宜地区	用途
23	梭鱼草	*Pontederia cordata*	雨久花科	原产北美，中国各地都有分布	滇中、滇南、滇西南、滇东南（越冬温度不低于5℃）	观赏植物

水生植物景观在当今公园、植物园、庭院以及湿地景观中被广泛应用。昆明大观公园的水景中水生植物就得到了很好的应用——涌月亭旁有一个小的水池，用驳岸和桥与另外一个水域隔开，池中配植少量漂浮或浮叶类水生植物，池边上有花叶芦竹、海芋、石菖蒲、萱草等多种水生植物种植在浅水区，旱伞草、纸莎草种植在深水区——这种植物与水的完美配合使整个水池的意境非常幽静。

水生植物可分割水面空间、增加层次，同时也可创造宁静优雅的景观。大观公园南园池塘驳岸的四个边角种植了挺水植物荷花、马蹄莲、菖蒲、鸢尾等，沉水植物金鱼藻等，漂浮植物满江红、槐叶萍等，浮叶植物睡莲、王莲等。它们宛如自然群落，搭配错落有致，带有自然野趣，创造出源于人工而又接近于自然的园林水生景观。另外在池塘边上种植有姜科植物红花鞘闭姜、洋姜、蚁塔等湿生植物，极大地丰富了池边绿化和池塘的水面景观，取得了很好的景观效益。在驳岸上的水陆交接区域种植了大量宿根、球根类植物，如菖蒲、水葱、西南鸢尾、香蒲、灯芯草等水生植物，这些植物既起到了配景作用，又发挥了良好的固坡作用。

三、小结

综合比较两版《云南省城市绿化树种名录》可以发现，目前城市绿化树种类型变化不大，只是在种类上有所增加。乔木增加了73种，灌木增加了38种，草本增加了44种，藤本增加了16种，竹类增加了1种，另外增加了水生植物27种。这些乔木、灌木、藤本、竹类都是经过了多年的实际种植经验发现适宜

云南省环境条件而保存下来的，为城市绿化树种的选择提供了更广的空间。草本类园林植物种类有所增加，原因在于打破了地被植物的范畴，将作为盆栽观赏的草本植物也列入名录中。水生植物则完全是新增加的一个类群。它是时代的产物。随着人们物质生活水平的提高，自然生态的城市景观受到青睐，水生植物在其中扮演着重要的角色，加之面对当前水资源不断减少、水生态环境破坏严重的情况，充分利用水生植物，不仅能丰富园林景观，还能改善水体，消除污染。总的来说，2010 年版名录引进了不少外来树种，也发掘了一些乡土树种，为城市绿化树种的选择提供了更为广阔的空间。

第五节　结论与建议

一、结论

通过对 2002 年版与 2010 年版《云南省城市绿化树种名录》比较与分析发现，增加的树种多为外来树种，因适宜云南省的生长环境而被添加到名录中。在此基础上，本研究结合植物生长习性和昆明市环境条件选择了适宜在昆明市种植的园林树植物，其中乔木有 180 多种，灌木有 90 多种，草本有近 50 种，藤本有 36 种，竹类有 14 种，水生植物有 23 种，选择的近 400 种昆明市适生园林植物为城市绿化树种的选择提供了依据。

二、建议

根据调查与分析，针对昆明城市绿化，本研究提出以下建议。

1. 增加昆明城市垂直绿化面积

随着城市现代化建设的发展和城市规模的不断扩大，人们的生态意识和环境意识逐渐增强，园林绿化在城市环境中起着重要的作用。但是随着城市建筑的不断增多，地面能够绿化的面积逐渐变小，因此充分利用垂直绿化来增加城市绿化面积成为改善城市生态环境的重要途径。在垂直绿化时，应根据藤本植物的攀爬特性，并结合各种藤本植物适宜的攀爬方式进行园林植物配置，以实现相互间优势互补的目的，达到最佳的绿化效果。

昆明市在建设“国家园林城市”“生态城市”过程中，要以公园、游园、风景区绿地建设为特色，以生活区、工业区绿化为基础，以道路、河流绿化为网络，建设多层次、多功能的城市生态园林。但目前昆明市面临着绿地面积严重不足的现状，很多地方为了增加绿化面积而盲目种植园林植物，严重影响了市民的正常出行。基于此，应当大力推广垂直绿化，这样既能够弥补平地绿化的不足，丰富绿化层次，增加城市及园林建筑的艺术效果，又有利于净化空气，减少噪声，降低污染。

2. 发展和应用能够净化水质或保持水质的水生植物

随着社会的不断发展，人们越来越注重居住环境的生态性与自然性，而不再单纯追求景观的外在美。大范围的喷泉硬质水景越来越少，取而代之的是小桥流水般的生态水景，水生植物在此时便显露出了重要性，特别是在治理大型的水污染中，水生植物的作用完全超越了人为治理。水生植物能够有效地净化富营养化水体，提高水体的自净能力，让“死水”变“活水”。而不同类型水生植物的合理配置，还可以丰富水体的景观层次，创造出美的意境。因此，水生植物应用前景十分广阔。

水生植物大多具有很强的净化水体的能力，可解决水体富营养化的问题。沉水植物可以在水下产生氧气，是水体中的初级生产者，在整治水体污染中具有重要作用，以沉水植物为基础的生态系统是优化的生态系统。因沉水植物生长在水中，观赏价值相对较差，水景设计中，没有特殊要求一般不应用这类植物，所以沉水植物并没有得到广泛应用。漂浮植物也有很多具有很强的净化水体的作用，例如凤眼莲对富营养化水体的净化能力比耐性强的浮萍还要强 2 倍，对金属离子的富集作用也很显著，还可有效地抑制藻类和其他浮游生物的生长，是一种优良的净化水体的水生植物。因此，在一些容易受到污染和富营养化或

已经受到污染的水体中，宜配植黑藻、浮萍、水葱、石菖蒲、鸢尾等吸污和净化水质功能较强的水生植物，特别是漂浮植物和沉水植物，形成良性循环的生态系统。

3. 大力发展乡土树种

乡土树种是地方文化的象征，是地方气候环境的产物，代表了地方的人文气息，无论在什么时候都应大力推广乡土树种。但随着现今科技的迅速发展，树种引种驯化越来越成功，外来树种在城市绿化中渐渐崭露头角，而地方乡土树种反而受到了冷落。但一些外来树种往往适应性并不是很好，有时还会造成物种入侵。鉴于此，应大力宣传乡土树种在城市绿化中的作用。

俗话说“一方水土养育一方人”，树木也一样。如果城市绿化只是单纯追求美观，而忽视文化气息的话，那么各个城市就会渐渐失去自己的特色。在城市绿化中也应充分考虑这一点。此外，乡土树种经过多年的生长已完全适应了地方环境，对外界不利环境的抵抗能力远远超过外来树种。特别是在污染严重的地区，如工厂周边的绿化，就应大力推广运用乡土树种。因此，乡土树种在城市绿化中的作用还是不容忽视的，应当不断开发挖掘具有潜力的乡土树种。

4. 推广运用抗污染树种

随着城市工业化进程的加快，一些工厂、生活废气和汽车尾气造成的空气污染受到人们的普遍关注。城市中有害气体超标现象越来越普遍。因此，降低城市污染程度是提高环境舒适度的必要举措。但现在生活废气、汽车尾气及一些工厂回收不尽的废气还不能全部靠工艺措施解决，因此，利用绿色植物来吸收和转化，大力发展抗污染树种进行绿化显得尤为重要。

在受污染地区应适当考虑种植抗逆性树种，以下为城市常见有害气体及相应的抗逆性树种。

①抗二氧化硫强的园林树种：广玉兰、忍冬、卫矛、龙柏、金桂、枸骨、罗汉松和山茶等；较强的有珊瑚树、大叶黄杨、女贞、垂柳、泡桐、构树和臭椿等。

②抗氯气强的园林树种：夹竹桃、海桐、大叶黄杨、瓜子黄杨、珊瑚、女贞、构树、臭椿、龙柏、卫矛和忍冬等，易受影响的有桧柏、侧柏、蜡梅、合欢、金盏菊、凤仙花、天竺葵、锦葵、四季秋海棠、一串红、石榴、桃和苹果等。

③抗硫化氢强的园林树种：龙柏、珊瑚树、山茶、女贞、银边黄杨、瓜子黄杨等。

④滞尘能力强的园林树种：榆树、朴树、木槿、广玉兰、女贞、大叶黄杨、刺槐、楝树、构树、五角枫和紫薇等，此外，草坪也有减尘作用，可以减少扬尘重复污染。

总的来说，只有在不同的污染区因地选择不同的抗性树种，才能提高树木的成活率，并充分发挥其景观效果和生态功能。

5. 适当开发昆明市的热带树种

昆明市属于温带向亚热带过渡的气候，一年四季气温变化不大，再加上昆明市人口密度大，城市“热岛效应”造成城区温度上升，这为很多热带树种生长提供了很好的生长环境。

在昆明市种植热带树种使人耳目一新，不过目前也有很多热带树种在昆明市生长状况欠佳的例子。因此，不能盲目追捧，应当根据实际情况，考虑植物生长习性等各个方面的因素，大力研发适合在昆明市种植的热带树种，充分发挥特有的园林景观和生态功能。

本章参考文献

[1] 鲍华．上海园林绿化中乡土树种的应用与思考［J］．上海农业科技，2006（3）：96-97.

[2] 王小德，卢山，方金凤，等．城市园林绿化特色性研究［J］．浙江林学院学报，2000，17（2）：150-154.

[3] 王爱民，李新国．试论城市绿化中乡土植物与外来植物的互补性［J］．广

西园艺，2008，19（2）：24-28.
［4］张天明.园林植物资源及生态环境保护中的应用［J］.现代园艺，2016（24）：147.
［5］陈俊愉.关于城市园林树种的调查和规划问题［J］.园艺学报，1979，6（1）：49-63.
［6］李德华.城市规划原理［M］.3版.北京：中国建筑工业出版社，2001.
［7］李尚志.水生植物造景艺术［M］.北京：中国林业出版社，2000.
［8］周树辉，减德奎.攀援植物与垂直绿化［J］.中国园林，2000，16（5）：79-81.
［9］刘振元，孙克威，杨春玲，等.本土植物对城市园林景观建设影响的研究［J］.北方园艺，2007（6）：174-175.
［10］周玉明.水生植物造景探讨［J］.苏州科技学院学报（工程技术版），2006，19（2）：71-73，78.
［11］徐筱昌，左丽萍，王百川.发展垂直绿化 增加城市绿量［J］.中国园林，1999（2）：49-50.
［12］杜莹秋.宿根花卉的栽培与应用［M］.北京：中国林业出版社，1990.
［13］崔心红，任文伟.人工湿地与住区水环境建设［J］.建设科技，2004（20）：28-29.
［14］李周玉，冉梦莲，王鸿博.净化水域的水生花卉：凤眼莲［J］.生物学杂志，2001，18（5）：47.
［15］鲍平秋.园林植物、生态园林与低碳城市［J］.江西农业学报，2011，23（11）：34-37.
［16］曹灿景，刘真华.济南市彩色园林植物资源与景观应用策略［J］.湖北林业科技，2021，50（3）：53-58，81.
［17］马继钰，毕雪怡，李美卉.探究生态节约型园林植物在园林景观设计中的应用［J］.种子科技，2020，38（23）：67-68.
［18］刘英.西安不同类型城市绿地中园林植物应用研究［D］.咸阳：西北农

林科技大学，2020.
［19］薄伟，秦国杰，刘琛彬，等．山西大同城市园林植物资源应用调查与分析［J］．北方园艺，2019（21）：56-63.
［20］胡牮，吴博阳，李震．丽水市居住小区园林植物种类及其应用［J］．浙江农业科学，2019，60（4）：646-649.
［21］邹玉庭．园林植物在海绵城市建设中的应用分析［J］．现代园艺，2018（22）：115-117.
［22］王玉清．浅谈园林植物观赏性及应用效果［J］．农技服务，2016，33（10）：170.
［23］程伟丽．园林植物在生态建筑中的生态应用［J］．四川建筑，2014，34（3）：18-20.
［24］丁连香，吴刘萍．生态需求下城市园林植物的应用趋势［J］．湖南林业科技，2009，36（4）：62-64.
［25］张建波，黄严．园林植物生态功能及其在义乌市城市绿化中的应用［J］．农业科技与信息（现代园林），2009（2）：21-24.
［26］吴航，雷挽侨，袁龙义．园林植物在湿地生态修复中的应用［J］．乡村科技，2021，12（7）：72-73，76.
［27］王华，高武平．浅谈生态设计在园林植物景观配置中的应用［J］．黑龙江科技信息，2011（15）：200.
［28］周子游．探索在园林植物配置中的植物生态学应用［J］．现代园艺，2017（8）：147-148.
［29］林萍．昆明野生草本花卉资源及观赏应用初步研究［J］．中国园林，2003（3）：76-78.
［30］王海帆，凌万刚，张芮婕．昆明市月牙潭公园葫芦岛植物应用与配置研究［J］．安徽农学通报，2014，20（14）：28-32.
［31］牛来春，刘敏，王娟，等．昆明城市公共绿地园林植物新品种应用适应性评价探讨［J］．中国园艺文摘，2016，32（11）：68-71.

[32] 王永林．高校校园景观植物的选择与应用研究：以云南农业大学热带作物学院新校区为例[J]．绿色科技，2018(11)：251-252.
[33] 康志林．基于生态适应性下的城市园林植物配置研究[J]．种子科技，2018，36(3)：64-65.
[34] 邓云村．对城市园林植物生态适应性的研究[J]．现代园艺，2012(22)：93.